和果子的四季

WAGASHI

Hajime Nakamura

［日］中村 肇 —— 著

張睿康 —— 译

北京联合出版公司
Beijing United Publishing Co.,Ltd.

目录

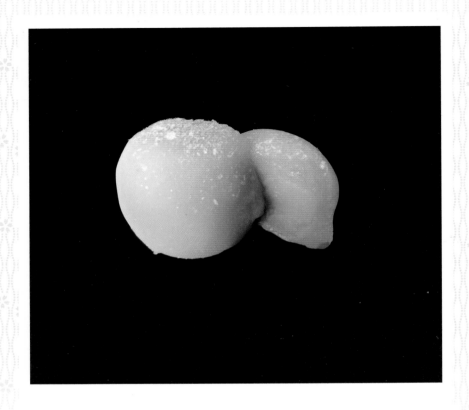

前言

　　在我眼里，不论是颜色、造型，还是每一个精心别致的"名字"，和果子都凝聚了无与伦比的美。透过它，人们不仅可以欣赏京都特有的色彩和风

貌，甚至能够聆听这座城市的呼吸。这是在我没接触和果子，特别是生果子之前所无法体会的。

如今已经是我将买回来的生果子，与之联想到的京都的风景拍摄下来放在博客上的第七个年头了。

希望此刻的你，可以手捧一杯热茶，与本书一起领略和果子的魅力。

2013 年 1 月吉日

中村 肇

はじめに

和菓子……それも生菓子に出会った時に、それまで意識してこなかった、生まれ育った京都の色や形が見え、そして息づかいが聞こえて来ました。生菓子を買い求め、その生菓子から想像される風景を捜し求めて写真に収め、ブログで紹介し始めて気がつくと7年の歳月が経っていました。

和菓子にはその色彩、造形的な工夫やそれぞれに付けられた「菓子の名前」など、どこを取っても隙間なく美への思いが凝縮されています。

あたたかいお茶を飲みながら、和菓子の楽しみが本書を通じて伝われば幸いです。

2013 年 1 月吉日

中村 肇

和果子[1]是最能代表日本季节变化的食物之一。从古代传承至今的制作工艺让和果子与日本风土文化和季节更替紧密结合，形成了一种独特的创作风格。人们通常将使用日本传统方式制作的点心称为"和果子"，将明治时代后传入日本的点心称为"洋果子"，而在明治时代之前由大陆传来的点心"唐果子"和"南蛮果子"则都被并入和果子的范畴。

随着茶道的发展，精致的和果子也逐渐成为品茶的一环，供人们鉴赏和品玩，这让和果子的制作也开始发达起来。现在茶道中，淡茶通常搭配干果子，浓茶则搭配生果子[2]。和果子在近代白砂糖传入日本以前，其甜味的主要来源是日本的传统黑砂糖——"和三盆"，这种糖能够给和果子带来一种独特的甘甜，这也是和果子受欢迎的秘诀之一。

---

[1] 和果子：泛指日式点心。

[2] 生果子：和果子根据保存时间长短分为生果子、半生果子和干果子。水分含量越高，其保存时间就越短。

与使用新鲜水果的西式做法不同，制作和果子通常只使用砂糖、水饴、米、小麦和红小豆等原材料，且在制作过程中几乎不用油。根据水分含量的不同，分为干果子、半生果子和生果子。

　　点心师傅们不断推陈出新，用水滴般透明的葛粉倒映夏天的清凉，用灵巧的双手描绘出夏日浴衣绚烂的花纹，这些普通得不能再普通的食材就在他们手中幻化出日本各个季节的美。

———

和菓子

　　和菓子の最も特徴的なところは、その季節感や風物詩にあるといえます。

　　古代からさまざまな工夫を凝らし、日本の風土や季節に合わせて独自のスタイルを創りだしてきました。一般的には日本の伝統的な製法で作られた菓子のことを和菓子と呼びます。明治（時代）以降にヨーロッパから入ってきた菓子は洋菓子、それ以前に大陸からもたらされた唐菓子や南蛮渡来の菓子は和菓子とされています。

　　和菓子はお茶席において、鑑賞する楽しみと、味わう楽しみを兼ね備えたものとして、工夫され発達してきました。お薄茶席では干菓子、濃茶席では生菓子が出され、共にいただきます。砂糖が材料に使われだすのは近世以降で、それ以前は独特の風味と甘さの和三盆が、和菓子の発達に大きな役割を担ってきました。

　　洋菓子のように生のくだものを使うことは少なく、砂糖、水飴、米、小麦、小豆などを使用し、油はほとんど使いません。含まれる水分量によって干菓子（乾菓子）、生菓子または半生菓子と分類されます。

　　菓子職人はそれぞれの素材の特徴を生かして季節感をいかに表現するかを競い、夏の涼感を表現するのに葛を使って水の透明感を出したり、祭の衣裳を精緻な技術で描きだしたりしました。

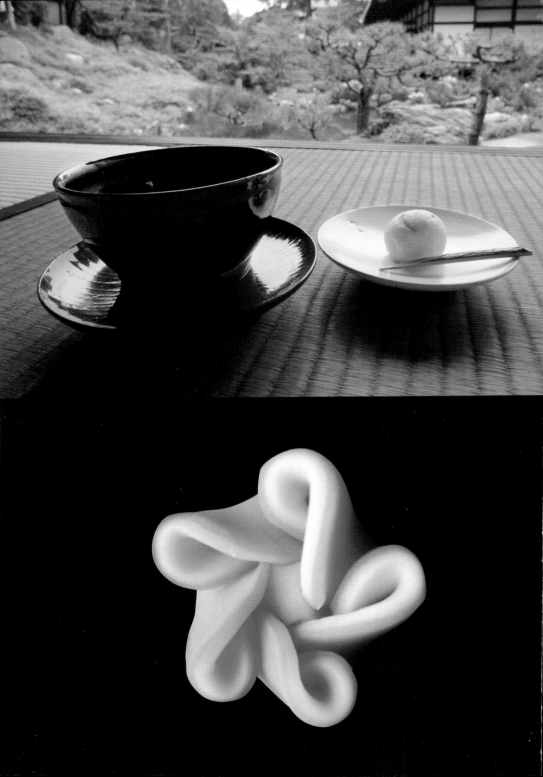

京果子

京果子，即产地在京都的果子。其中既有专为日本皇室、贵族、寺庙神社和茶道家在特定节日或祭祀时使用的高级点心"上果子"，也有不论大小节日都能在街边商店中买到的"馒头"[❶]和"团子"等普通点心。如今，和果子已经逐渐渗透进人们的日常生活之中，在很多卖乌冬面和寿司的店里，人们也可以买到萩饼和年糕等点心了。

京菓子 / KYOTO CONFECTIONARY

　京都では、宮中や公家、寺社、茶家などに納めるための「上菓子」として、特別な祝いや祭のための洗練された意匠が施され、独自の発達を遂げました。それと同時に「おまん（饅頭）」「だんご」など日常に食する 菓子を年中行事に合わせてつくるお店は「おまんやさん」「おもちやさん」と呼ばれ、生活の中に浸透していきました。今でも、日常食としておはぎやおもちが、うどんや寿司などと一緒に売られているお店が結構あります。

❶　馒头：面粉做的外皮里包裹着红豆馅，更类似中国的豆沙包。

✣ 上果子

✣ | Konashi こなし（白豆沙面皮）

将白豆沙馅（白色芸豆等四季豆或白小豆做成豆馅）与低筋面粉混合后蒸熟，加入砂糖水揉至均匀后，再上色制成各种不同的形状。通常用作葛粉果子的馅料。这种馅料制成的上果子中，比较有代表性的有做成梅花花蕾形状的"未开红"和做成红叶形状的"龙田川"。

✣ | 金团

有三种制作外皮的方法，分别为：1.蒸过的山芋过筛后与砂糖混合均匀（薯蓣练切）。2.白豆馅用琼脂凝固（金团馅）。3.将白豆馅求肥（练切❶）。

根据季节的不同，将外皮染上不同的颜色后过筛，在其中裹入红豆馅后完成。

---

❶ 练切：用白豆沙及白玉粉制作外皮的果子。

❖ ｜ 求肥

　　糯米粉和水混合揉成糯米团，在沸水中焯过后放入锅中，加热的同时加入砂糖搅拌均匀。是制作夏日甜点"若香鱼"和"调布"馅料的主要方法。

❖ ｜ 葛

　　葛粉加水后过滤，放入砂糖加热糊化。清澈透明的葛切和水馒头就是用这种方法制作的。其中比较出名的长方形和果子"葛烧"，虽然造型简单，但需要制作者掌握精准的火候。

❖ ｜ 薯蓣

　　即山药。"织部馒头"等高级馒头，会将磨好的山药与砂糖和上等米粉（细米粉）混合，揉成面团后裹入豆沙馅蒸熟制成。鹿儿岛特产"轻羹"，则是用磨好的山药加砂糖、水、轻羹粉（粗米粉）混合揉匀后蒸熟制成。而薯蓣练切是将蒸好的山芋过筛后加砂糖炒匀制成。

　　除此之外，和果子还有许多其他的制作方法。

　　制作和果子的师傅们不仅需要掌握熟练运用各种食材的能力，还要根据季节、地方特色和思维的不同，展现他们对日本文化的理解。

――――

上菓子

　　❖ ｜ こなし
　　白こしあん（手亡豆などの隠元豆、あるいは白小豆のあん）と薄力粉を混ぜて蒸したものに砂糖水を加え、練り上げたもの。色をつけてさまざまな形に加工する。梅の蕾をかたどった「未開紅」、紅葉に仕立てた「竜田川」をはじめ、葛菓子のあんなどさまざまな表現に使われます。

✤ ｜ **きんとん**

　蒸した山芋を裏漉して砂糖と炊いたもの（薯蕷煉切り）や、白あんを寒天で固めたもの（きんとんあん、天餡）、白あんを求肥でつないだもの（煉切り）を、いろいろな色にそめ、裏漉し器でそぼろ状にし、あんなどの芯に植えつけて季節を表現します。

✤ ｜ **求肥**

　もち米の粉を水で練って湯がき、火の上で砂糖を加えて練ったもの。夏の菓子「鮎」、「調布」などに使われます。

✤ ｜ **くず**

　本葛粉に水を加えたものを漉して、砂糖を加え加熱し、アルファ化させたもの。葛切り、葛饅頭などは、その透明感が涼しさを呼ぶ。また六方を焼いただけの「葛焼」は熟練を要する菓子。

✤ ｜ **薯蕷**

　山芋のこと。「織部まんじゅう」など上用饅頭は、山芋をすり下ろして砂糖と上用粉（細目の米粉）を加えたものであんを包み、蒸して作ります。また、すり下ろした山芋に、砂糖、水、軽羹粉（粗目の米粉）を加え、蒸し上げたものがカルカン（軽羹）。蒸した山芋を裏漉しして砂糖と炊いたものが、薯蕷煉切り。

　この他にも中間素材は数多くあります。

　それぞれの素材の味を引き出す技術が必要で、さらに季節感や供される場所の状況やコンセプトに応じた意匠が、菓子店や菓子職人の感性で表現されます。

和果子
的历史

　　如果从意思上来说，和果子中的"果子"原指坚果或是水果。在古代，人们的食物较为匮乏，只能用这些"果子"来充饥。日本人将坚果这个单词"木の实"按照读音写作"古能美"，而将水果这个单词"果物"按照读音写作"久多毛能"。现在还有一些人将水果称为"水果子"。但如果从原料上来说，今天和果子的原型其实应该是年糕饼或是糯米团子。

　　绳纹时代晚期，水稻种植技术从大陆传入日本，开启了日本以农耕活动为中心的生产方式。但由于当时的食物仍旧十分匮乏，人们通常使用石臼或石锤将树上的坚果捣碎成粉状，泡入水中去除涩味后捏成团子状方便保存或食用。这种食物不能作为主食，只是作为一种"加餐"。当时的人们为了给"团子"增加甜味，可能还会蘸着花蜜或是水果的果汁一同食用。这大概就是年糕饼或是糯米团子的起源。同时，日本也在不断吸收着外来文化，一些国外的点心也相继传入日本，给日本和果子的历史带来丰富多彩的变化。

和菓子の歴史

　食物が充分でなかった古代の人々は、ときには野生の「古能美」(木の実) や「久多毛能」(果物) を採集して空腹を満たしていました。いまでも果物のことを「水菓子」と呼ぶように、菓子は本来、木の実や果物を表わす言葉でした。しかし材料の面で見てみると、今日和菓子と呼ぶものの原形は、餅や団子からきていると考えていいでしょう。

　縄文時代晩期には大陸から水稲耕作が伝わり、農耕を中心とした生活に変わりましたが、まだ食物が充分とはいえませんでした。そこで、木の実を石臼や石槌で砕いて粉にし、水に晒して灰汁抜きをしたものをだんご状に丸め、熱を加えるなどして保存食としていました。これらは主食というより間食で、ときには植物の蜜や果物の汁などで甘味をつけて味わっていたとも考えられ、これが餅や団子の始まりといわれています。そしてその一方で、外国から新しい外来の菓子が伝わることにより、日本の菓子の歴史に変化が生じることになります。

唐果子

　　现在日本的和果子里也包含外来的点心，其中包括奈良时代遣唐使带来的"唐果子"；镰仓时代到室町时代的禅僧去当时的中国（宋、元）留学带回的羊羹和豆沙馒头等点心；安土桃山时代由葡萄牙和西班牙传教士带来的"南蛮果子"。

　　于奈良时代从中国传入日本的点心就是"唐果子"。唐果子种类丰富，有梅枝饼、桃枝饼、肉桂饼、团喜、糫饼和山茶饼，同时期还从唐朝传入了馄饨和煎饼等果饼。果饼主要是用米、小麦、大豆、红小豆等材料揉捏成形后过油炸制而成，因其形状特殊，常在祭祀时使用。

───

唐菓子

　　外来の菓子には、遣唐使がもたらした「唐菓子」、鎌倉から室町時代にかけて中国（宋・元）に留学した禅僧とともに渡来した羊羹や饅頭などの「点心」の菓子、安土桃山時代にポルトガルやスペインの宣教師が伝えた「南蛮菓子」があります。

　　奈良時代に中国から渡来した唐菓子には、梅子・桃子・桂子・団喜・椿餅・糫餅・餛飩、煎餅などの唐菓子と果餅がありました。果餅は米、麦、大豆、小豆などをこねたり、油で揚げたりしたもので、特徴のある形をしており祭祀用に尊ばれました。

和果子与茶

　　在日本，茶会中通常会用一些点心搭配茶一起食用。"羹"就是日本人品茶最常见的和果子之一。羹中含水量较多，有猪羹、白鱼羹、芋羹和鸡鲜羹等种类，我们常听说的"羊羹"就是其中一类。羊羹原本是羊肉汤汁浓缩而成，但由于日本曾有一段禁止食用兽肉（主要指四足动物）的时期❶，所以人们就将小麦粉或红豆粉和葛粉混合蒸熟来模仿羊羹的样子，人们称它为"蒸羊羹"。久而久之，羊羹就变成了甜点。我们今天吃的羊羹和羊肉汤也已经没有任何关系了。

茶席のお菓子

　　茶席には、「点心」という食事以外の軽食がありました。そのなかに「羹（あつもの）」という汁があり、猪羹、白魚羹、芋羹、鶏鮮羹など種類も多く、「羊羹」と呼ばれるものもありました。羊羹は本来、羊の肉の入った汁でしたが、獣肉食は公然ではなかった日本では、羊の肉に似せて小麦や小豆の粉を葛粉に混ぜて蒸し固めたものを入れました。そしてその羊の肉に似せたものが汁物から離れて誕生したのが「羊羹」の始まりで、当時は「蒸羊羹」と呼んでいました。

---

❶　禁止肉食：佛教由中国经朝鲜传入日本。飞鸟时代，日本在圣德太子主持下实行了推古朝改革，大力宣扬佛法。佛教不杀生的思想在日本上层阶级中流行起来。奈良时代，佛教思想进一步渗透日本社会，在制度上也规定了"不杀生"的法令。从此禁止食用肉食的规定一直延续至明治维新时期。

南
蛮
果
子

现在我们常见的一部分和果子的原型就是南蛮果子，例如蛋酥小馒头（bolo）、长崎蛋糕（castella）、金平糖（confeito）、饼干（biscuit）、面包（pão）、有平糖（alfeloa）和鸡蛋素面（fios de ovos）等。

南蛮果子传入日本时，正值茶文化的兴盛时期。千利休"侘（Wabi）"的茶道思想在日本达到巅峰。和果子在当时社会文化的极大影响下结合南蛮果子的特点推陈出新，创造出了独特的发展方向。

早期茶会中搭配的果子和现代有些许不同。由于当时砂糖还是一种价格昂贵的进口食材，和果子中很少加入砂糖调味。茶会上的果子主要是栗子或香榧等坚果，柿子等水果，昆布、年糕和馒头等食物。并且里面的馒头也不是我们现在常吃到的那种甜甜的豆沙馒头。

南蛮菓子は現在でも食べられている和菓子の原型で、ポーロ、カステイラ（カステラ）、金平糖（こんぺいとう）、ビスカウト（ビスケット）、パン、有平糖（ありへいとう）、鶏卵素麺などがあります。

南蛮菓子が到来した時期が、千利休によりわび茶が大成された茶の湯の興隆期にあったこともあって、和菓子はこれらの外来菓子に大きな影響を受けながら独自の発展を遂げるのです。

初期の茶会の菓子は現代のものとは趣が違い、栗や榧（かや）などの木の実、柿などの果物、昆布、餅や饅頭などでした。当時は砂糖はまだ高価な輸入品で、菓子には入れず添えられる場合が多かったようです。また饅頭といっても現在のような甘い小豆入りのものではなかったと考えられます。

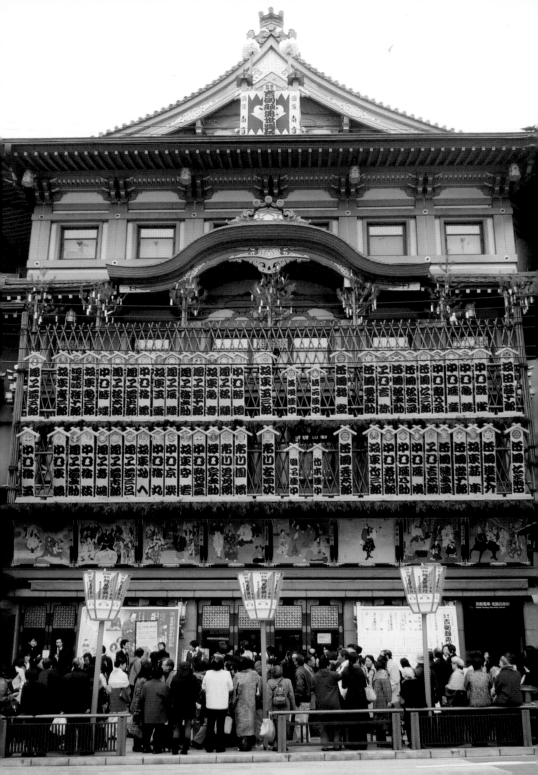

从江戸时代至今

日本进入江户时代以后，在德川幕府的治理下社会趋于安定，经济变得繁荣起来。由于砂糖的进口量不断增加，日本逐渐出现了一些专门制作和果子的店铺，和果子的制作工艺也随之产生了飞跃性的进步。从江户时代起，日本全国一些大型城镇都发展出了各自独特的和果子种类。

"春有百花秋有月，夏有凉风冬有雪。"在充满自然美景的京都诞生的京果子，其风雅的外观逐渐成为高级果子的代名词，与东京的高级果子比肩。于是，就在东京与京都间的上果子之争中，诞生了一个又一个名字别致、造型独特的和果子。

江戸時代から現代へ

　江戸時代に入り、徳川幕府のもと、社会が安定し経済が発展すると砂糖の輸入量も増えて、菓子作りを専門とする店もでき始め、その技術も飛躍的に向上しました。この時代、全国の城下町や門前町で独自の和菓子が生まれています。

　花鳥風月にちなんだ美しい（銘や意匠の）菓子が京都で生まれ、京菓子は高級菓子としてしだいに評判になりました。この頃、京都の和菓子と東京の上菓子が競い合うようにして、菓銘や意匠に工夫を凝らした和菓子が次々に誕生しました。現在食べられている和菓子の多くは、江戸時代に誕生したものなのです。

※ 门松❶

———
❶ 门松：新年时装饰正门的松枝。

新 春

NEW YEAR'S

❋ | "花瓣饼"是日本人新年必吃的一种传统点心。在平安时代，日本宫中为了迎接新年会举行"健齿仪式"。据说在仪式上，人们会将糯米饼裹着菱饼、猪肉、白萝卜、盐渍香鱼、黄瓜等配料一起食用，以祈求在新的一年中健康长寿。后来，果子店"川端道喜"以这种食物为原型，用牛蒡代替香鱼，用味噌馅代替其他配料，就诞生了现在的花瓣饼。川端道喜创业于文龟三年（1503 年），相传那时就已经有花瓣饼了。

お正月といえば「花びら餅」、もともとは、平安時代の宮中の新年行事「歯固めの儀式」を簡略化したもの。歯固めの儀式は長寿を願い、餅の上に赤い菱餅を敷き、その上に猪肉や大根、鮎の塩漬け、瓜などをのせて食べていたそうです。それを宮中に菓子を納めていた川端道喜が作っていたそうで、鮎はごぼうで、雑煮は餅と味噌餡で模しています。川端道喜は、文亀三年 (1503) 創業というので、その頃から花びら餅があったということになります。

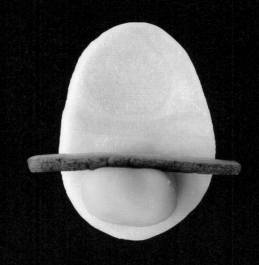

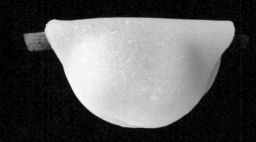

✳ 长久堂 "花瓣饼" ｜ 材料：饼皮、味噌馅、牛蒡

— 久堂「花びら餅」餅皮、みそあん、ごぼう入り

。 冬天,在梅花尚未开放的时节就要开始准备了。

— 冬日、梅の蕾も固いけど準備を始めていました。

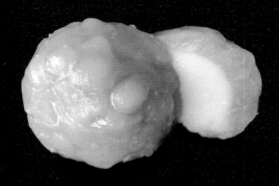

❋ 盐芳轩 "元旦日出" ｜ 材料：白小豆、白豆沙馅

— 塩芳軒「初日の出」白小豆、白あん

❀ | 北野天満宮

"十牛图"是以牧人寻牛隐喻禅宗修行。其中的牛代表真实的自我，即是在描绘修行者不断追寻真实自我、寻觅本性、提高禅修悟性的十个阶段。

北野天満宮　Kitano Tenman-gu Shrine

「十牛図」とは、逃げ出した牛を探し求める牧人を喩えとして、牛、すなわち真実の自己を究明する禅の修行によって高まりゆく心境を十段階で示したものです。

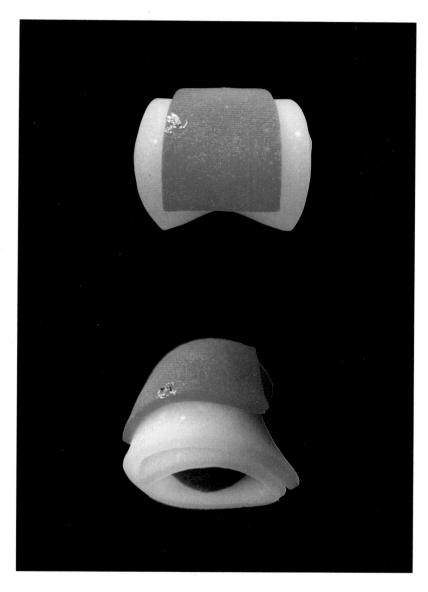

❀ | 长久堂"十牛图" | 材料：米粉糕、红豆馅

— 長久堂「十牛の図」外郎、こしあん

三十三间堂远射节

在日本"三十三间堂"举办的远射节于每年距1月15日最近的星期日举行。即将迎接成人礼的年轻女性一字排开，在场上拉弓射箭，展现她们的英姿。

通し矢　毎年、成人の日に三十三間堂で行われる「通し矢」で成人を迎える女性の姿はなんとも凛々しい。

❋　|　"袖止"一词的日文，是指江户时代，日本女性结婚后会将年轻女子穿的长袖和服的袖子缩短成普通长度。这款和果子取此词命名，象征女性成年之意。

— この生菓子の題の袖止めの意味を調べてみました。江戸時代、元服した者が、振袖を縮めて普通の長さにしたことをいい、女性の成人の意にも用いるそうです。

❋　|　长久堂"袖止"　|　材料：白豆沙面皮、红豆沙

— 長久堂「袖止め」　こなし、赤こしあん

❀ ｜ 这款和果子仅在成人仪式上才能吃到。如果平时也能吃到就好啦！

— この「笑顔上用」というのは、成人式の頃にいただく上用なんだそうです。年中売っていたらいいのにね。

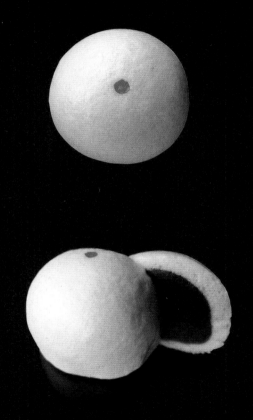

❀ ｜ 京都鹤屋鹤寿庵 "笑颜米粉糕" ｜ 材料：上等米粉、红豆沙馅

— 京都鶴屋鶴壽庵「笑顔上用」上用、こしあん

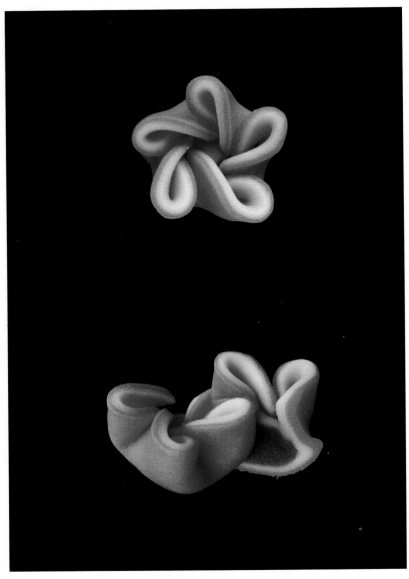

❀ | 长久堂"初天神" | 材料：白豆沙面皮、红豆沙馅

— 長久堂「初天神」こなし、こしあん

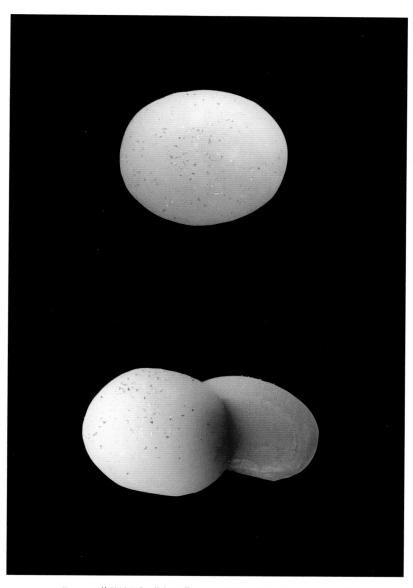

❀ │ 紫野源水"东云"│ 材料：米粉糕、白豆沙馅

— 紫野源水「東雲」外郎、しろあん

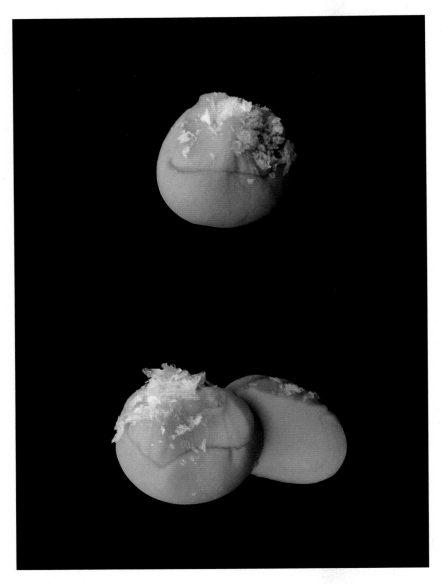

※ ｜ 京都鹤屋鹤寿庵"福寿草"｜ 材料：白豆沙面皮、黄豆沙馅

— 京都鶴屋鶴壽庵「福寿草」こなし、黄あん

※ ─ 福寿草

春天开花，有迎春之意。别名元旦草或朔日草。

春を告げる花の代表。そのため元旦草や朔日草という別名があります。

※ ｜ 这款和果子使用上等米粉制作，名字来源于日本国歌《君之代》。

— この上用菓子の題は「君が代」の歌詞でおなじみです。

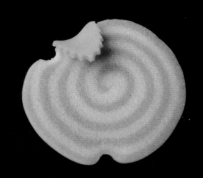

※ ｜ 长久堂"千代八千代" ｜ 材料：白豆沙面皮

— 長久堂「千代八千代」こなし

✽ ｜ 它的形状像牛，上面的印花是代表北野天满宫的纹章"星梅钵"。

— シルエットが丑で、紋は北野天満宮ですね。

✽ ｜ 盐芳轩"北野之春" ｜ 材料：细米粉、红豆沙馅

— 塩芳軒「北野の春」上用、こしあん

❀ ｜ **二条若狭屋"红梅"**｜ **材料：练切、白豆沙馅**

― 二條若狹屋「紅梅」煉切り、白こしあん

✳ | 北野天满宫的"梅"

"东风吹起时，随风送香来。吾梅纵失主，亦勿忘春日。" 这首和歌是
菅原道真的代表作品，摘自《拾遗和歌集》。

「東風吹かば　匂ひおこせよ梅の花　あるじなしとて春な忘れそ」
東風は「こち」と読み、春風またはその字のとおり東風という意味で、この歌は拾遺集に収められている菅原道真
の代表歌です。

大寒，梅花开。

京都御苑的梅花在严寒中傲然绽放。

——大寒、梅笑う。京都御苑の梅林に早咲きの梅が、咲いていた。

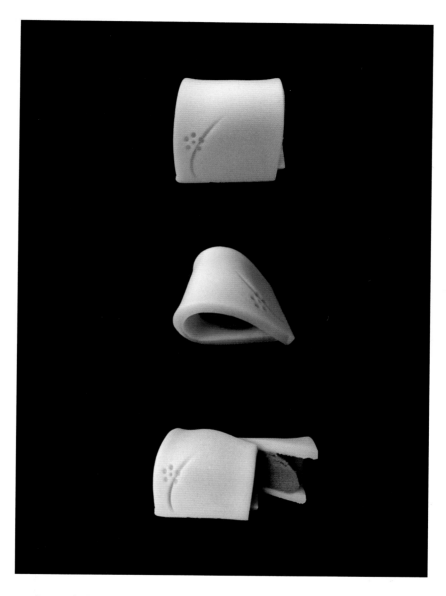

✿ | 长久堂"一轮" | 材料：白豆沙面皮（加入山芋）、红豆沙馅

— 長久堂「一輪」こなし（山芋入）、赤ごしあん

❀ ｜ 水仙又名雪中花，与梅花、迎春花、山茶花并称"雪中四友"。
这款和果子正像是一朵雪中迎春盛开的水仙花。

— 雪の中から顔を出し春の訪れを告げる水仙を雪中花と呼ぶそうです。

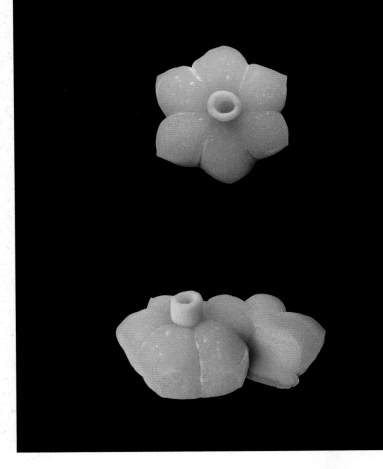

❀ ｜ **河藤"雪中花"** ｜ **材料：米粉糕、蛋黄馅**

— 河藤「雪中花」外郎、黄身あん

✳ 水仙

日文中的"水仙"一词来源于中国。唐代《天隐子》中说："在人谓之人仙，在天曰天仙，在地曰地仙，在水曰水仙，能通变化之曰神仙。"可能是人们看到它在水中绽放的姿态才取了这样一个名字。

スイセンという名前は、中国での呼び名「水仙」を音読みしたもの。「仙人は、天にあるを天仙、地にあるを地仙、水にあるを水仙」という中国の古典に由来するんだそうです。水辺に咲く姿を見てそう想ったんでしょうね。

❋ ｜ 总本家骏河屋"水仙" ｜ 材料：练切、白豆沙馅

— 総本家駿河屋「水 仙」煉切り、白こしあん

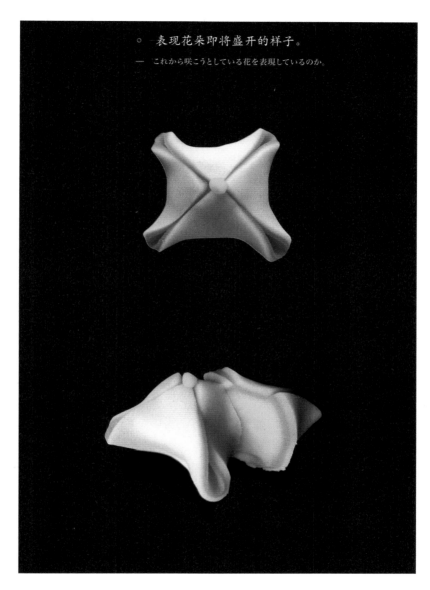

表现花朵即将盛开的样子。

— これから咲こうとしている花を表現しているのか。

❀ | 龟屋良长"未开红" | 材料：练切、白豆沙馅

— 亀屋良長「未開紅」煉切り、白あん

※ | 寒山茶

一到年末，日本的和果子店都会相继开始售卖"山茶饼"。当我看到店里摆出山茶饼时，就会意识到一年已经接近尾声了。山茶饼据说是平安时代开始出现的。山茶饼通常是使用道明寺面皮裹住红豆沙，再夹入上下两片山茶叶之中。在平安时期，山茶饼不含红豆馅，而是用晒干的糯米粗磨后得到的道明寺粉泡水后加入甘葛（藤蔓类植物水煮熬制的糖浆）制成。

寒 椿

　年の暮れになると和菓子屋さんやお餅屋さんの店頭では、「椿餅」という貼り紙が目につきます。もうそんな季節なんだ……椿餅は、平安時代からあるそうなんです。道明寺生地の中にこしあんが入り、椿の葉っぱでサンドイッチしたものです。もっとも平安時代には小豆あんなんかはなく、もち米を乾燥させて粗めに挽いたもの（今の道明粉）を水に浸して絞り、甘葛（蔦の汁を煮詰めたもの）を生地に入れたものだそうです。

❀ | 中村轩"山茶饼" | 材料：道明寺粉❶、红豆沙馅

— 中村軒「椿 餅」道明寺、こしあん

---

❶ 道明寺粉：大阪府藤井寺市的道明寺所做，因此得名。

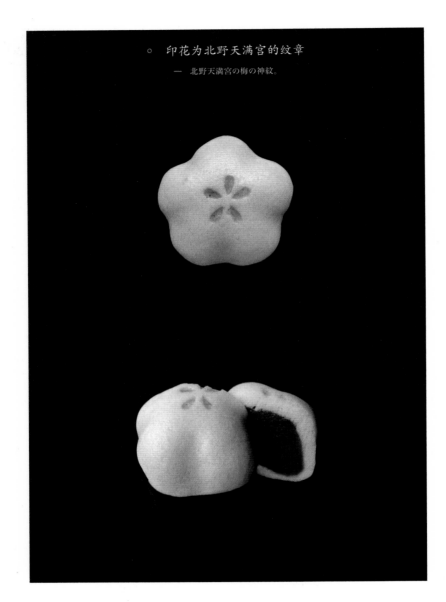

。 印花为北野天满宫的纹章
— 北野天满宫の梅の神紋。

❀ | 京都鶴屋鶴寿庵 "光琳之梅" | 材料：上等米粉、红豆沙馅
— 京都鶴屋鶴壽庵「光琳の梅」上用、こしあん

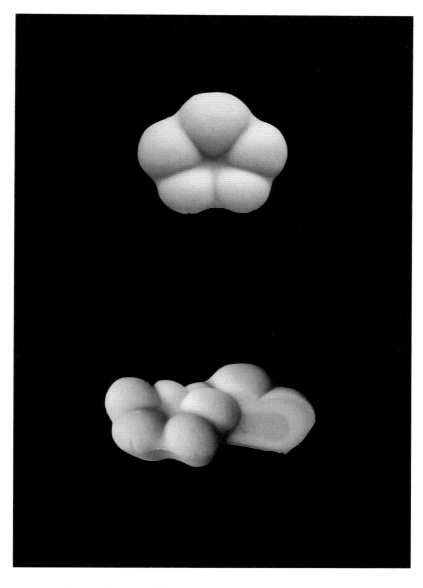

※ ｜ 紫野源水"福梅" ｜ 材料：薯蓣练切、豆沙馅

一 紫野源水「福 梅」薯蓣煉切り、こしあん

❀ ｜ 总本家骏河屋"驱鬼" ｜ 材料：红豆鹿子饼、红豆粒豆馅

—— 総本家駿河屋「鬼は外」小豆かのこ、粒あん

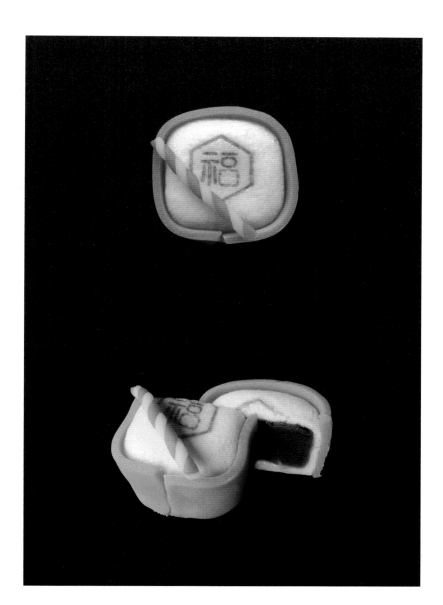

❀ | 龟屋良长"招福" | 材料：上等米粉、红豆沙馅

— 亀屋良長「福ハ内」上用、こしあん

❀ | **长久堂"招福"** | **材料：上等米粉、红豆沙馅**

— 長久堂「福は内」上用、こしあん

❀ | 日语中"节分"一词指立春的前一天。日本人认为，节分是一年即将从冬天进入春天的标志，代表了一种不稳定的变化。人们为了不让妖魔鬼怪危害人间，会在这一天举行"追傩式"。

❋ ｜ 京都鹤屋鹤寿庵 "消灾" ｜ 材料：月饼、黄豆粉馅

— 京都鶴屋鶴壽庵「厄払い」月餅、きなこあん

　　節分は、二十四節気の立春の前の日ということになります。

　　この日は冬から春に変わる大事な日、その変わり目がとても不安定になるのです。その時に魔物や疫鬼が人間を襲

うのでそれを祓うために、追儺式を行ったそうです。

❀ | **吉田神社的追傩式**

吉田神社的追傩仪式通常于日落后在正殿前举行，源自平安时代日本宫中在除夕时举行的仪式。现在则按照古代仪式的规定执行。该仪式与普通的"驱鬼"不同，看起来别有一番神秘之感，主要是为了在节分时防止妖魔入侵，保护全家平安。

❀ | **撒豆子**

撒豆子是最为传统的驱鬼方法。日本人认为豆子有驱邪的功效。将泡涨的大

豆晒干，然后放入锅中炒熟。由于炒大豆时会发出噼里啪啦的声音，日本人认为这种声音会吓退魔物，敲太古和弹弓弦也是同样的道理。因为过去人们不理解豆子发芽的原因，所以认为大豆中有神的力量。

❀ ┃ 用冬青树枝插上沙丁鱼头挂在门口

传说节分时"闻鼻"和"闻抚"两只鬼会出现。闻鼻害怕沙丁鱼和烟。闻抚则会在小孩晚上上厕所时"摸你的屁股"。

❀ ┃ 笑声

日本还认为，鬼怪害怕人的笑声。这个说法还是有一些道理的。笑口常开不仅可以让人心情愉悦，还可以提高免疫力。

—— 吉田神社の 追 儺式

追儺式は、日が暮れてから本殿前で行われます。もともと平安期の宮中で大晦日に行われていた儀式で、古式に則って行われています。普通の「鬼やらい」と違い、見ていてとても神秘的です。節分の日、季節の変わり目には魔物や疫鬼から家族の身を守らないといけないので対抗策を書いておきます。

—— 豆をまく

これが一番オーソドックスな方法です。豆は魔滅ともいい厄除けパワーがあります。大豆を水に浸けてふやかし、それを乾燥させて煎るとパチパチと音が出ます。魔物はこの音に弱く、でんでん太鼓や弓の弦をはじく音なども嫌いらしいです。昔の人は豆から芽が出るのが不思議だったので神様の力が豆に宿っていると思っていたようです。

—— 鰯を柊の枝に刺して門口に吊るす

節分の時に来る鬼は 聞 鼻と 聞 撫いう二匹だそうです。聞鼻は、鰯のにおいや焼く煙に弱い。聞撫という鬼は、子供が夜おそく手洗いに行くと「聞撫にお尻を撫でられる」といいます。

—— 笑う

魔物や疫鬼は、人間が笑っていると弱るらしい。この方法が一番いいかもしれませんよ。おかしくなくても笑うこと、笑っていると気分が明るくなりますし、免疫力も上がります。

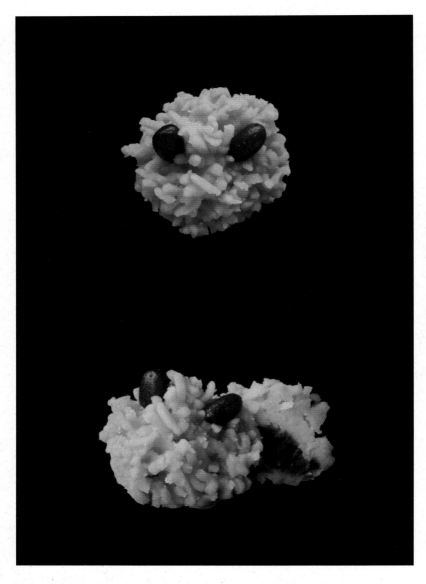

※ | 总本家骏河屋"赤鬼" | 材料：金团、红豆粒豆馅

— 総本家駿河屋「赤 鬼」きんとん、粒あん

❋ ┃ 节分仪式上的阿龟面具

— おかめ節分のおかめ

○ 虽然没有画上五官，但是还是可以看出两颊淡淡的红晕。

— 顔を描いていなくても頬がうっすらピンクで、おかめであることが一目瞭然です。

❋ ┃ 盐芳轩"阿龟面具馒头" ┃ 材料：米粉糕、红豆沙馅

— 塩芳軒「おかめまんじゅう」上用、赤ごしあん

❀ | 白梅盛开

每年 2 月 23 日，日本准提堂会举办"五大力菩萨"法会。

—— 白梅的咲く頃　毎年 2 月 23 日は　準 提堂の「五大力さん」の日（五大力尊法要が行われる日）だ。

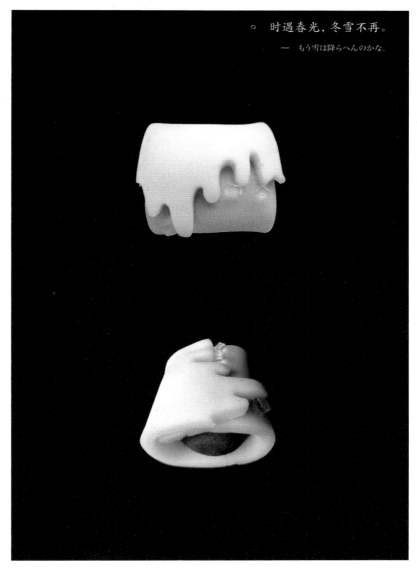

時遇春光，冬雪不再。

—— もう雪は降らへんのかな。

❀ ｜ 长久堂"春光" ｜ 材料：白豆沙面皮（加入山芋和面粉）、红豆沙馅

—— 長久堂「春光る」こなし（山芋、小麦粉）赤ごしあん

清水寺雪景

SPRING

笔头菜
— つくし

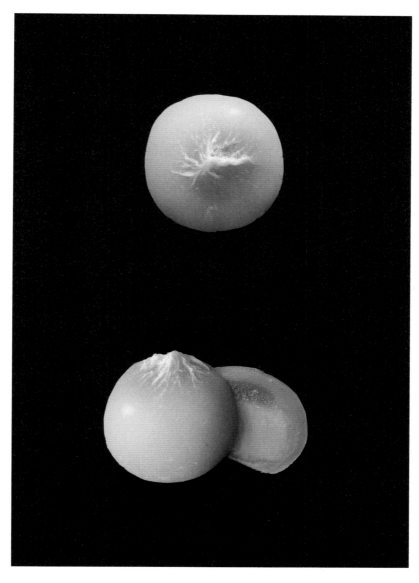

✽ | 河藤"萌芽" | 材料：米粉糕、蛋黄馅

河藤「芽生え」外郎、黄身あん

❀ | "初音"在《广辞苑》中的释义是：黄莺或杜鹃在每年发出的第一声啼叫。这款和果子淡红色的内馅代表梅花，淡绿色的外皮代表黄莺，给人一种春来了的感觉。

— 「初音」って、広辞苑でひくとウグイスやホトトギスのその年の最初の鳴き声とあります。この和菓子、紅餡で梅を、麩焼の色で鶯を表しているそうです。春らしい感じがします。

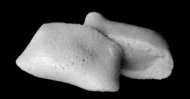

❀ | 京都鶴屋鶴寿庵 "初音" | 材料：淡绿色麸烧、淡红色豆沙馅

— 京都鶴屋鶴寿庵「初 音」青麩焼き、薄紅あん

✿ | 紫野源水"报春鸟" | 材料：练切、白豆沙馅

— 紫野源水「春告鳥」煉切り、白こしあん

我之前一直用香道中使用的那种银色火筷子来吃和果子，但由于火筷子表面过于光滑，夹和果子时很不方便。

前一阵子我碰巧有机会与一位和果子师傅见面，就与他交流了一番。他对我说，制作和果子时夹生果子的筷子大多是自制的，我听后便也请他做了一副筷子给我。

菓子を扱うときに使うお箸、ずっと香道で使う銀の火箸を使っていました。香道には細くていいのですがお菓子ではよく滑り、落としそうになります。

このあいだ、和菓子職人さんとそのことを話していましたら、生菓子のお箸は職人さんが自分で作るものだそうです。それで、作ってもらうことになりました。これでもう滑ったりしないし、細かい部分を修正したりできます。

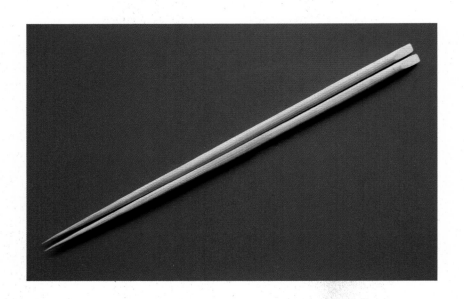

○　前两天，我拿出新做的筷子试用了一下。新筷子握起来很舒服，再也不会夹不住生果子了。

─　先日、作ってもらった生菓子用のお箸を使ってみました。とても扱いやすいですよ、なんだかうれしくなります。これで生菓子を落としたりすることはないでしょう。

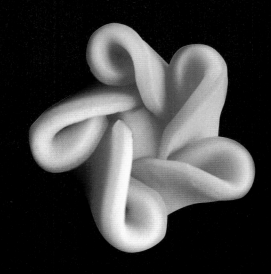

❀　|　长久堂"开花"　|　材料：白豆沙面皮、练切

─　長久堂「咲き初む」こなし、煉切りあん

❋　|　龟屋良长"薮椿"　|　材料：山芋金团、黑豆豆馅

—　亀屋良長「薮 椿」山芋入りきんとん、黒粒あん

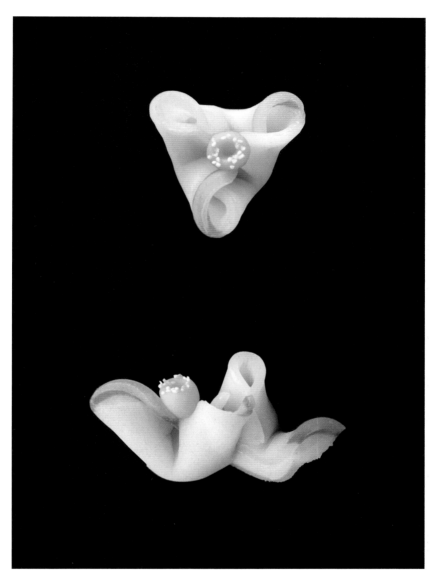

❋ | 长久堂"清雅" | 材料：米粉糕、冈山县备中白豆沙馅

— 長久堂「清 雅」外郎、備中あん

。 命名来自李白的《山中问答》："问余何意栖碧山，笑而不答心自闲。桃花流水窅然去，别有天地非人间。""桃花流水窅然去"表达了李白安适恬淡、愉悦自在的人生态度。

——

「桃花流水」というのは、李白の詩中の「桃花流水杳然去」から来ているのでしょうか。

問余何意棲碧山／余に問ふ何の意ありてか碧山に棲むと，笑而不答心自閑／笑って答へず　心自づから閑なり

桃花流水杳然去／桃花流水 杳 然として去る，別有天地非人間／別に天地の人間に非ざる有り

「桃花流水杳然去」の一句は、李白の恬淡とした生きかたが凝縮されている気がします。

❋ ｜ 长久堂"桃花流水" ｜ 材料：金团、红豆沙馅

— 長久堂「桃花流水」きんとん、赤ごしあん。

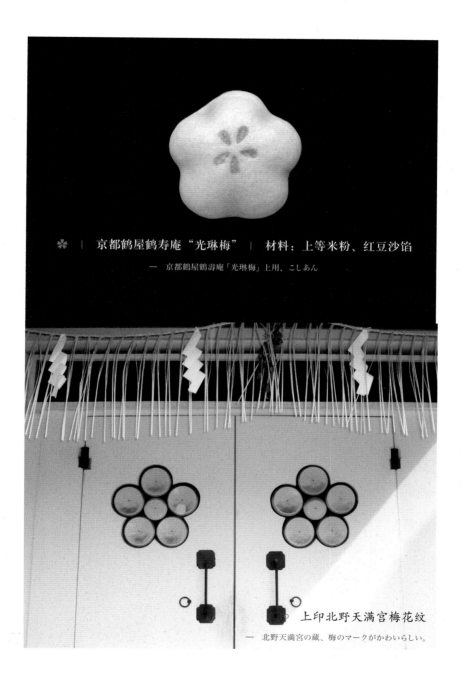

❋ | 京都鹤屋鹤寿庵"光琳梅" | 材料：上等米粉、红豆沙馅

— 京都鶴屋鶴壽庵「光琳梅」上用、こしあん

上印北野天满宫梅花纹

— 北野天満宮の蔵、梅のマークがかわいらしい。

。 "初参"指日本人新年第一次去参拜神社。从镰仓、室町时代开始，日本人就有在新年时感谢神佛保佑孩子平安降生、祈求孩子无病无灾的习俗。一般来说，男孩出生后第 30 天、女孩出生后第 31 天就要到神社参拝。

— この生菓子の題「初参り」はお宮参りのことですね。神仏に赤ちゃんが無事に誕生したことを報告し、無病息災をお願いする鎌倉・室町時代からの風習らしい。赤ちゃんの産屋の忌が明ける、男の子は生後三十日目、女の子は三十一日目にお参りするのが一般的といわれています。

❋ | 盐芳轩 "初参" | 材料：蓬羽二重、黑豆料豆沙

— 塩芳軒「初参り」 蓬羽二重、黒粒あん

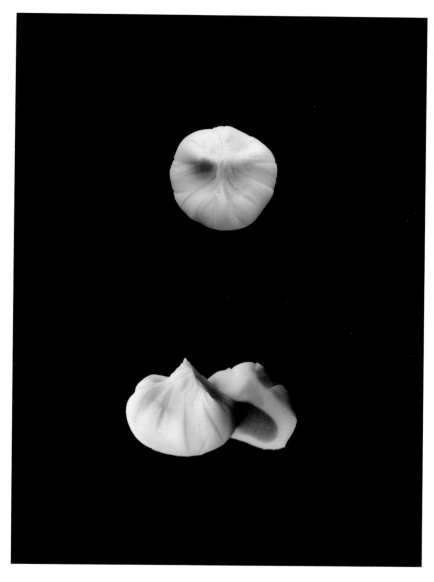

❈ | 紫野源水"熏风" | 材料：练切、红小豆、红豆沙馅

— 紫野源水「薫風」煉切り、小豆、こしあん

✿ ｜ 盐芳轩"寒梅" ｜ 材料：上等米粉、红豆沙馅

—— 塩芳軒「寒梅」上用、黒こしあん

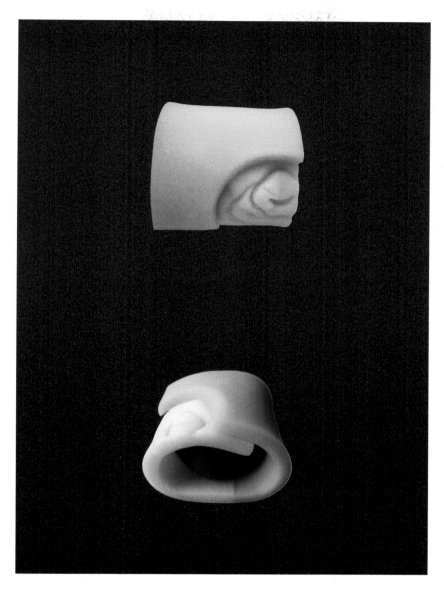

✳ | 长久堂"窗之梅" | 材料：白豆沙面皮（加入山芋）、黑豆豆馅

— 長久堂「窓の梅」こなし（山芋入）黒こしあん

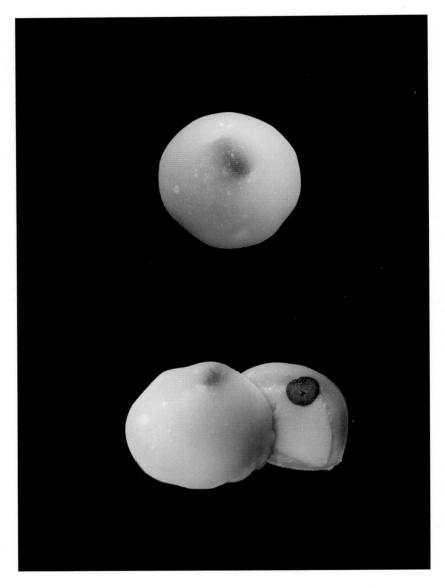

❀ | 二条若狭屋 "水温" | 材料：米粉糕、白豆沙馅

— 二條若狭屋「水温む」ういろう、白あん

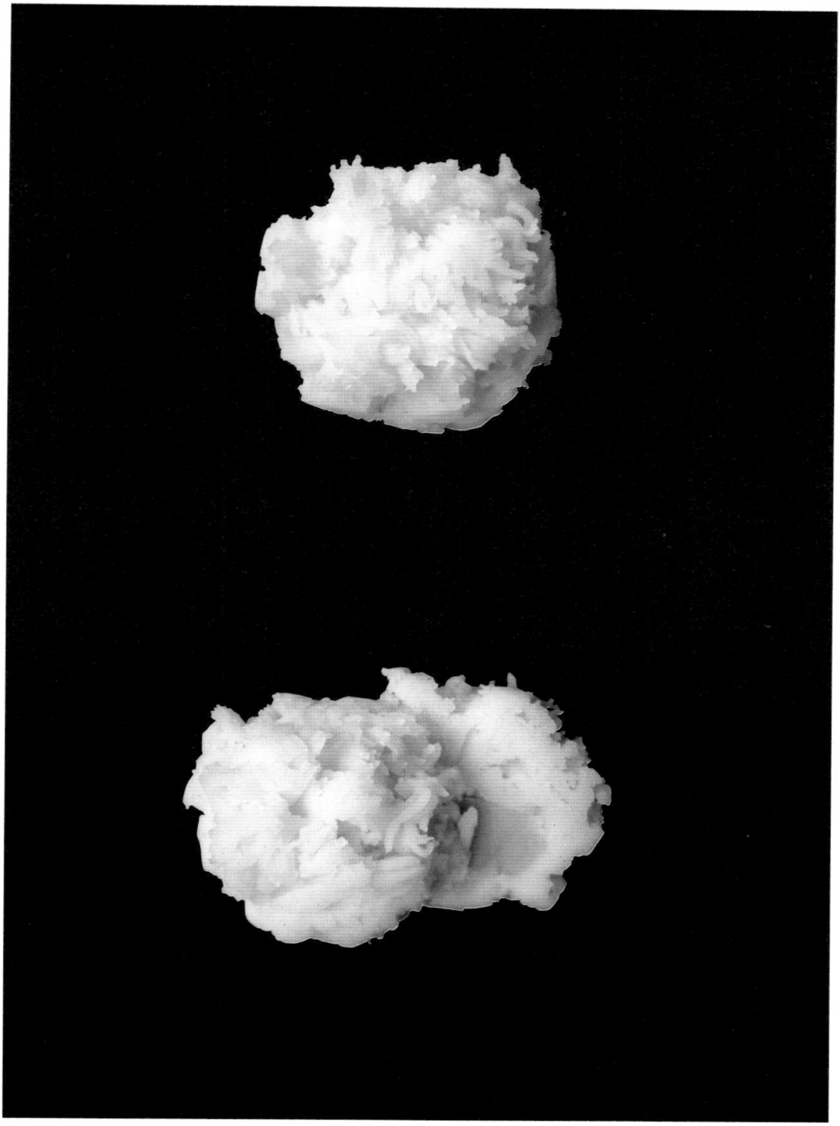

✲ | 千本玉寿轩“雪饼” | 材料：芋头金团、蛋黄馅

— 千本玉壽軒「雪 餅」つくねきんとん、黄味あん

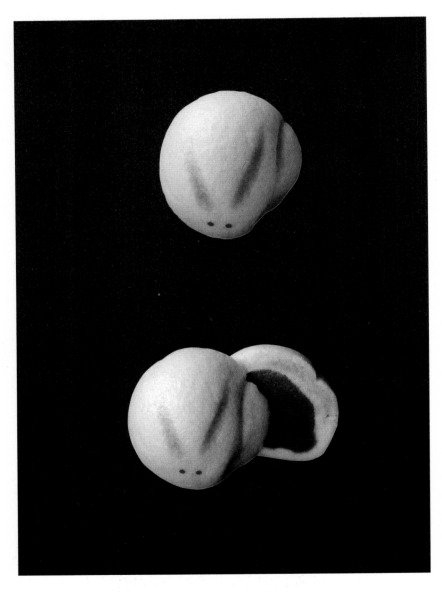

❋ | 长久堂"花兔子" | 材料：上等米粉、红豆沙馅

— 長久堂「花うさぎ」上用、こしあん

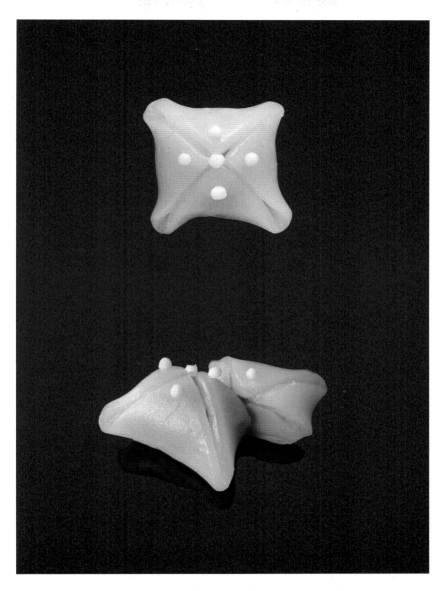

✿ | 京都鶴屋鶴寿庵 "莺宿" | 材料：上等米粉、粉色豆沙馅

— 京都鶴屋鶴壽庵「鶯宿」外郎、薄紅あん

✽ | 长久堂"若草" | 材料：米粉糕（加入艾草和山芋）、黑豆粒豆馅

— 長久堂「若 草」外郎（よもぎ、山芋）、黒粒あん

✿ | 总本家骏河屋"春之响" | 材料：练切、黑豆豆馅

— 総本家駿河屋「春の響き」煉切り、黒こしあん

。 "引千切"一词是指将一张大糯米饼扯碎的意思。在过去,女儿节时每家会来很多客人,由于时间紧迫,主人往往没有工夫仔细地做点心,所以就将糯米饼直接扯开给客人吃。引千切原来的做法,就是在糯米饼中间挖一个凹陷,将红豆沙放在上面。

— 本来は、餅の中ほどをくぼめて、あんをのせたもの。ひちぎりとは大きな餅を引きちぎること。雛祭には来客が多いので、ゆっくり作業ができず、餅を引きちぎって客に出したことが由来のようです。ひっちぎりともいいます。

❋ ┃ 紫野源水"引千切 双色(白)" ┃ 材料:金团、红豆粒豆馅

— 紫野源水「ひちぎり二種(白)」きんとん、粒あん

✽ ｜ 紫野源水"引千切 双色（红）" 　材料：金团、红豆粒豆馅

— 紫野源水「ひちぎり二種（赤）」きんとん、粒あん

。 日语中的"上巳节"，即女儿节的另一种说法，原在阴历三月三日举行。人们要在上巳日祓禊（在水边进行祭礼），洗去身上的污垢，消除不祥。

　　因为正值桃花盛开的时节，所以又叫作"桃花节"。"桃始笑"是日本七十二候之一，为二十四节气中惊蛰第二候（3月10日～14日）。此时正是京都御苑桃花的观赏期。

上巳（じょうし・じょうみ）の節句は、本来旧暦の3月3日で、この上巳の日に禊をして、邪気を祓ったことに由来しています。
桃の花が咲く季節であることから、桃の節句ともいわれます。桃始笑は七十二候の表現で、二十四節気の啓蟄の時候。3月10～14日。その頃が京都御苑の桃の見ごろでしょうか。

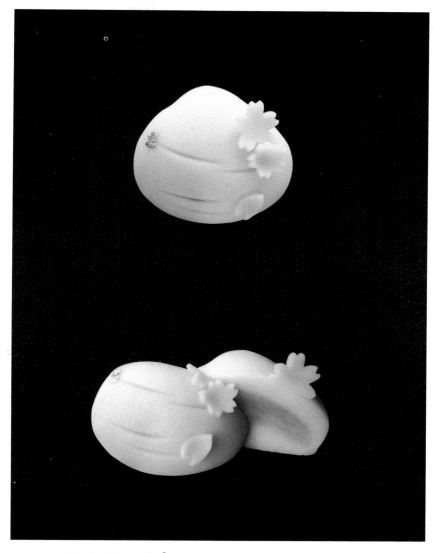

✿ │ 长久堂"拼贝壳"❶ │ 材料：白豆沙面皮、冈山县备中白豆沙馅

— 長久堂「貝合わせ」こなし、備中白こしあん

---

❶ 拼贝壳：日本古代的一种游戏。在有绘图的贝壳中找出成对的。

。 人们将日本宫中贵族孩子的玩具"人偶"与上巳结合，就有了"雏祭"
（日本女儿节，雏即人偶）。在江户时代，玩人偶这种贵族游戏逐渐在民
间流行开来，后来演变成了女儿节的习俗。

— 上巳と、宫中で貴族の子供たちが遊んでいた人形遊びとが融合したのが、雛祭りです。
江戸時代になると宮中の遊びが江戸にも流行り、次第に女児の祭りに変化していきました。

。

。 在京都，"引千切"是一种供奉给女儿节人偶的和果子。手撕开糯米饼后，放上蝌蚪头大小的红豆沙。这种和果子一般不是很好吃，但紫野源水家的引千切十分美味。

— 京都ではこのお菓子を、おひなさんに必ず供えます。ひちぎりは、ひきちぎりの意味だそうです。おだんごを引きちぎって、ちょうどお玉じゃくしの頭にまるめたあんをのせたような形で。普通はあんまり美味しくないけど、源水製は美味しかった。

✽ ｜ 紫野源水 "引千切" ｜ 材料：红豆粒豆馅、白色金团

— 紫野源水「引千切」粒あん、白きんとん

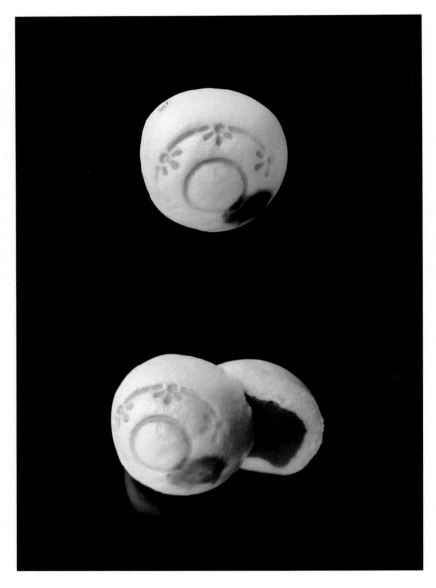

❋ | 长久堂"奏" | 材料：上等米粉、红豆沙馅

— 長久堂「奏」上用、赤こしあん

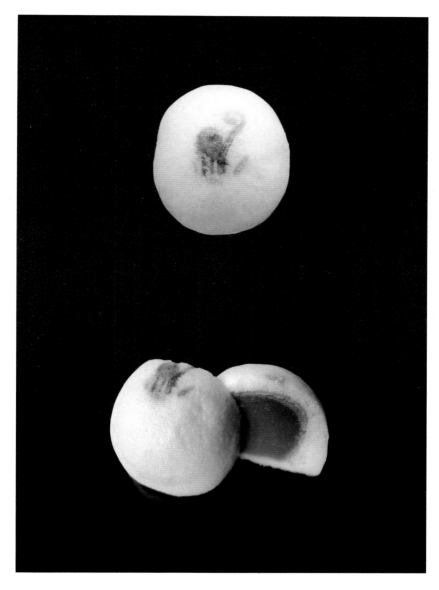

❊ | 紫野源水"早蕨" | 材料：薯蓣、红豆沙馅

— 紫野源水「早蕨」薯蕷、こしあん

※ │ 键善良房"野之春" │ 材料：练切、红豆沙馅

— 鍵善良房「野の春」煉切り、こしあん

○ 日语中"衣手"是指和服的衣袖，这个词常在和歌中出现。

— 着物の袖、たもとのこと。この語はよく、和歌に用いられています。

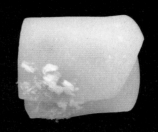

✽ ｜ 长久堂"衣手" ｜ 材料：米粉糕、冈山县备中白豆沙馅

— 長久堂「衣手」外郎、備中あん

✻ │ 键善良房"蝴蝶" │ 材料：米粉糕、红豆粒豆馅

— 键善良房「蝶々」外郎、粒あん

❀ │ 长久堂"春胧" │ 材料：金团练切（加山芋）、红豆沙馅

— 長久堂「春朧」煉切製きんとん（山芋入り）、赤こしあん

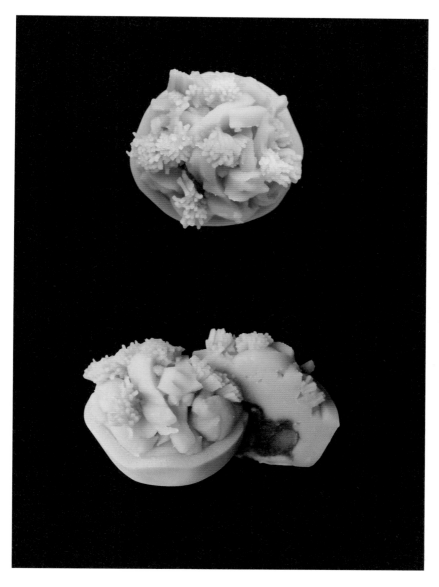

※ ｜ 龟屋良长"花冠" ｜ 材料：金团、红豆粒豆馅

— 龟屋良長「花 冠」きんとん、粒あん

❋ ｜ 紫野源水"桃花" ｜ 材料：金团、红豆粒豆馅

— 紫野源水「桃の花」きんとん、粒あん

。 "桃始笑"时桃花开，今年又迎来了赏花的季节。

—— ほんとに「桃始笑」ですね、そろそろ桃の花が見頃かな。

○ 春来了。

— はるの訪れ

✿ | 二条若狭屋"含苞待放" | 材料：练切、黑豆沙馅

—— 二條若狭屋「ほころび」煉切り、黒こしあん

。 "愿死春花下，如月望日时。"西行法师的这首和歌中所描述的"如月"指阴历二月，而"望日"指满月，即阴历二月十五日，大约在阳历三月十一日前后。

西行法师是平安时代末期至镰仓时代初期的武士、僧侣、歌人，逝世于文治六年（1190 年）阴历二月十六日大阪南河内弘川寺。正如他和歌

中所愿，在樱花盛开的月圆之夜与世长辞。

西行の歌で「願わくは花の下にて春死なん　その如月の望月の頃」があります。この歌の頃は旧暦で如月ということは、新暦だと1か月ほど遅れて3月となり、望月（満月）はというと11日頃でしょう。

この西行さん、文治六（1190）年の2月16日（旧暦の）に大阪の南河内の弘川寺で亡くなったのだそうです。前日が涅槃の日、つまりお釈迦さんが亡くなった日なのです。しかもこの日は満月だったということで、偶然にしてはよくできていますね。

✳ ｜ 一片櫻花花瓣

—— さくらのひとひら

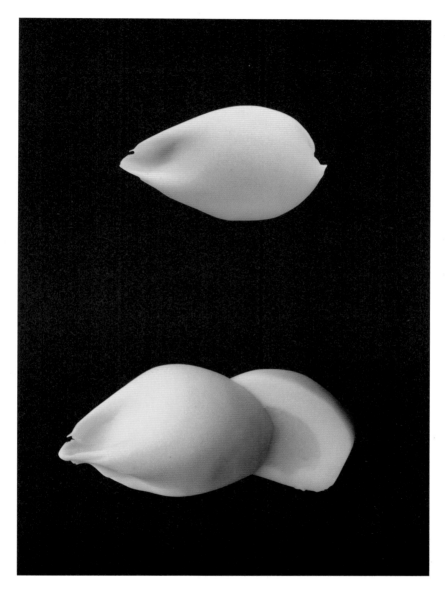

✽ | 紫野源水"一片花瓣" | 材料：练切、白豆沙馅

— 紫野源水「ひとひら」煉切り、白こしあん

✿ | 垂枝樱花

沿着京都御苑的桃林走向梅林，穿过丸太町和堺町御门，一片垂枝樱花便映入我的眼帘。它们和近卫邸跡的垂枝樱花"糸樱"一起竞相开放，美不胜收。

今出川御门位于京都御苑的北侧，近卫邸跡就坐落在此。这里应该是京都最早盛开的一片垂枝樱花了吧！

枝垂れ桜

桃林から梅林へと丸太町通の堺町御門のほうへ歩いて行くと、枝垂れ桜があります。京都御苑の枝垂れ桜も近衛邸跡の糸桜と同じように、もう咲いていました。満開状態でとてもきれいでした。
京都御苑の北側、今出川御門から入ってすぐのところに近衛邸跡があります。ここの桜は、おそらく京都で一番早い部類の枝垂れ桜ですね。

○　虽然昨天很冷，但春天就在这三寒四暖中悄然来到，不禁让我感觉到时间飞逝，每天都过得那么快，一眨眼就到了晚上。这天，当我又在鸭川附近散步时，竟发现一簇簇野花已经在路边绽开笑容，我这才意识到，春来了。

―　三寒四温。昨日は、また寒かった。こうやって春が着実に進行していく。なんだかとても時間の流れるのが早く感じる、密度の濃い毎日。気がつくと夜になっていたりする。この間、鴨川沿いに少しだけ歩いたら、そろそろ小さな雑草の花が色彩豊かに咲いてきていました。もう春ですね。

✿　|　京都鹤屋鹤寿庵 "御所之春" 　|　材料：金团、红豆粒豆馅

―　京都鶴屋鶴壽庵「御所の春」きんとん、粒あん

。 这款和果子咬起来十分柔软，蕨菜的清香与红豆沙的甘甜在口中达到完美的平衡。虽然其貌不扬，但值得一试。

— これはすごく柔らかい、薄い本蕨の食感は芸術的。こしあんも本蕨をじゃましていなかった。

一見地味なお菓子だけど、食べるのならこういうのがいいですよ。

❋ ｜ 紫野源水"本蕨饼" ｜ 材料：红豆沙馅

— 紫野源水「本蕨餅」小豆こしあん入り

重瓣棣棠花

八重山吹

✳ ｜ 连翘

一 蓮翹
れんぎょう

❋ ｜ 路上的连翘最近也开花了，绿色的树叶映衬着或黄或粉的花，带给人春的气息。

提到黄色的花，就让我联想到蒲公英、含羞草和油菜花。虽然油菜花也很美，但我个人更喜欢从味觉欣赏它。

据说大部分的连翘原产自中国，在《延喜式》❶中就曾提到过"连翘"，可见其是很久以前从中国传入日本的。

中药里"连翘"是将连翘的果实（虽然我没有亲眼见过）蒸熟后晒干入药。主要在退烧、消炎、利尿、排脓、脓肿等治疗中起镇痛的效果。其中所含的三萜烯、单萜苷和木质素有很强的抗菌效果。

― 街を歩いていると連翹がもう咲き始めていました。

黄色やピンク、そしてグリーンは春の感じがしていいですね。黄色といえば、タンポポやミモザ、菜の花もか。もっとも菜の花は、私は色というより味覚のほうで楽しみますが。連翹というのは(ほとんどが)中国原産なんだそうです。『延喜式』にもレンギョウの名前があるから日本へは、かなり古くに渡来しているのがわかります。

漢方で「連翹」というと、連翹の実（そんなの見たことないです）を蒸気をとおし天日で乾燥して使うそうです。解熱剤、消炎剤、利尿剤、排膿剤、腫瘍・皮膚病などの鎮痛薬に用います。成分にトリテルペン、モノテルペングリコシド、リグナンを含み、強い抗菌作用があるんだそうです。

―
❶ 《延喜式》：日本平安时代中期的法律实施细则。

❋ | 真如堂的垂枝樱花

—— 真如堂の枝垂れ桜

○ 我爱野樱和垂枝樱更甚于八重樱。真如堂（真正极乐寺）是日本一座历史悠久的寺庙，因赏枫叶而闻名。人们却不知这里的樱花也有别样的美。我今天去看时，发现法传寺吒枳尼天❶旁边的樱花大概下周就会开了，随后我又顺便去竹中稻荷转了一圈，这里的樱花也要等到下周了。

前一阵天气还暖融融的，今天的春风却带着一股寒意。

真如堂は紅葉の名所ですが、桜もいいんです。枝垂れ桜はもう満開状態でした。私は、山桜と枝垂れ桜の方が八重より好きです。吒枳尼天の桜は、来週が見頃だろうな。

ついでに竹中稲荷も見てきたけど、ここも来週かな。今日は風が冷たくてこの間の暖かさがウソのよう。

❶ 吒枳尼天：白辰狐王智菩萨。据说真如堂中的吒枳尼天是日本最早的稻荷大明神。

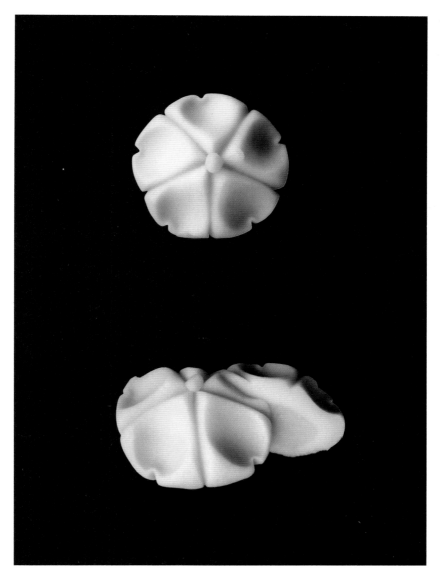

❀ ｜ 紫野源水"樱花" ｜ 材料：练切、白豆沙馅

— 紫野源水「桜 花」煉切り、白こしあん

❀ ︱ 京都府厅旧址

京都府厅于明治三十七年（1904 年）12 月 20 日竣工，一直使用至昭和
四十六年（1971 年）。它是日本最古老的行政机关办公楼，现在还保留着
其文艺复兴建筑的风貌，给人一种家的感觉。平成十六年（2004 年）12
月 10 日被列为重要文化遗产。

— 京都府庁旧本館

この旧本館は、明治三十七（1904）年の 12 月 20 日に竣工した。昭和四十六年まで京都府庁の本館として実際に使
われてきました。創建時の姿をとどめる現役の官公庁建物としては日本最古で、建物の様式は、ルネサンス様式です。
なんかしら家に帰ったようななつかしさを感じます。平成十六(2004)年 12 月 10 日に重要文化財に指定されています。

✻ ｜ 醍醐寺的垂枝樱花盛开了。

3月下旬，天气瞬息万变，醍醐寺灵宝馆的垂枝樱花已经全开了。这一日，天气怡人，醍醐寺里的游客也很少。我坐在灵宝馆的休息室里，眺望着盛开的垂枝樱花，尽情欣赏着它们绽放的美景。从樱花繁茂的样子，就可以看出平时定是受尽了园丁的宠爱和呵护。最近天气逐渐热了起来，我还担心它们会过早地凋谢。还好近来又有转冷的迹象，希望开的时日还能更久一些。

― 醍醐寺のしだれ桜は満開だった！
3月下旬、醍醐寺に行きました。空模様は、目まぐるしく変化し、ベストの空ではなかったのですが、霊宝館のしだれ桜は満開でした。この日はまだ観光客も少なく霊宝館の休憩室にすわってゆっくり眺めることができました。これは本当に見事なしだれ桜ですね。大切に管理されているのがよくわかります。それに応えるよう、ただただ見事に咲いていました。一時暖かい日が続いたので今年は早いのかと思っていたら、また寒が戻り、うまく咲いてくれそうです。

❋　｜　灌佛会，又叫降诞会、佛生会、浴佛会、龙华会、花会式、花祭等。相传释迦牟尼于阴历四月八日诞生，日本为庆祝这个节日，每年四月八日都会举办法事。花祭这一习俗是从明治时代开始的。

— 灌仏会（かんぶつえ）は、釈迦の誕生を祝う行事で毎年4月8日に行われます。
花祭りというのは、明治につけられた名称なんだそうです。釈迦（ゴータマ・シッタルダ）が旧暦の4月8日に生まれたという伝承に基づいています。
降誕会（ごうたんえ）、仏生会（ぶっしょうえ）、浴仏会（よくぶつえ）、龍華会（りゅうげえ）、花会式（はなえしき）、花祭（はなまつり）の別名もあります。

✿ | 在日本，人们用各种花草装点成花佛堂，在其中放置装满甘茶（土常山茶）的灌佛桶。在中间摆放诞生佛的佛像后，用长柄勺舀着茶水浇在佛像上，以此庆祝释迦牟尼的诞生。

土常山是虎耳草科绣球的变种。将它的嫩叶蒸熟、揉捏、晾晒、炒干后制成的饮品，就是“甘茶”。有抗过敏、缓解牙周病等作用。

— 日本では、さまざまな草花で飾った花御堂(はなみどう)を作ってその中に灌仏桶(かんぶつおけ)を置いて、甘茶(あまちゃ)を満たし、その中央に誕生仏の像を安置して、柄杓で像に甘茶をかけて祝います。

甘茶は、ユキノシタ科の落葉低木ガクアジサイの変種であるアマチャ、また、その若い葉を蒸して揉んで乾燥させたもの、およびそれを煎じて作った飲料のことです。生薬としては、抗アレルギー作用、歯周病対策等の効果があるそうです。

一夜

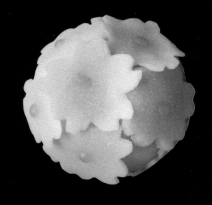

❀ | 龟屋良长"花重" | 材料：练切、白豆沙馅

一 亀屋良長「花重ね」煉切り、白あん

❋ ｜ 紫野源水"里樱" ｜ 材料：米粉糕、白小豆粒豆馅

— 紫野源水「うら桜」外郎、白小豆粒あん

✽ | 平野神社的樱花

我经常去附近的北野天满宫和敷地神社看樱花，对平野神社并不是很熟悉。

只知道这里是赏樱胜地，一到花期就人满为患。

平野神社的纹章就是樱花，这点十分独特。

据说平安时代中期，花山天皇命令人们在这里种下一千棵樱花树，后来就演变成了如今的这片樱花。

—　平野神社の桜

平野神社は、あまりなじみのない神社です。

桜の名所ということしか、知りません。近くの北野天満宮や、わら天神（敷地神社）のほうがなじみがありますが、桜の時期になるとここは人がいっぱい。

神紋が桜というのが面白い。

ここの桜は、平安時代の中ごろ花山天皇によって境内に数千本の桜が植えられたのが起源なんだそうです。もちろん、いまの桜は当時の桜じゃないだろうけど。

❊ | 清水寺的櫻花
——清水寺の桜

。 这款和果子就像樱花做的枕头，难道是在隐喻守护着樱花树的人吗？

— この上生菓子は、桜を守る人がモチーフなんだろうか、桜の枕みたいです。

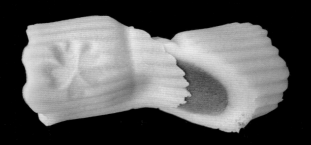

✿ ｜ 长久堂"花守人" ｜ 材料：白豆沙面皮、红豆沙馅

— 長久堂「花守人」こなし、赤こしあん

✳ | 耀眼夺目的绿叶

— 目にしみる緑の葉

○ 我在真如堂见到了枫叶的"宝宝"。

等到了秋天，它们就会变成红艳艳的枫叶，纷纷飘落。

这种生命逝去的美，正是因为失去，才显得美好。

— カエデの赤ちゃんは、真如堂で見かけました。

このカエデがやがて紅葉の季節を迎え、そして散る。

こうして命が巡っていくから美しいのかも。散るから美しいのです。

○ 从我家阳台望出去，这棵参天大树也长出了嫩芽。它勃勃的生机带给人一

种莫名的力量。

—— 新緑が見えるベランダからふと見ると木の芽の大木（こんなに大きくなるんだ）の緑がきれい。パワーをもらえる

ような気がします。

○ 这款和果子很奇妙。虽然上面贴着嫩芽，但是吃的时候完全感受不到树叶的涩味。

— これは、不思議な上用です。木の芽がついていますが、木の芽の独特の風味は消えていて食べても感じられませんでした。

❋ ｜ 二条若狭屋 "木之芽上用" ｜ 材料：上等米粉、红豆沙馅

— 二條若狭屋「木の芽上用」上用、こしあん

✳ ｜ 长久堂"雾岛" ｜ 材料：金团、红豆粒豆馅

— 長久堂「霧島」きんとん、粒あん

❋ ｜ 长冈天神参道两侧的雾岛杜鹃

雾岛杜鹃是最早开花的杜鹃品种。提起雾岛杜鹃，我只能想到长冈天神。

我去锦水亭吃竹笋料理时发现正是雾岛杜鹃的花期，便拍下了它们盛放的

模样。锦水亭著名的竹笋料理，那鲜嫩多汁的竹笋配上火红热情的杜鹃，

真是让人难以忘怀。

据说这些杜鹃的树龄已经超过一百年了。

— 長岡天神の参道の霧島つつじ

霧島つつじは、一番早く咲くつつじ。

霧島つつじといえば、この長岡天神のものしか知りませんが、錦水亭にたけのこ料理を食べに行くのがちょうどこの

つつじが咲く頃なんです。錦水亭のたけのこの味覚と霧島つつじがわたしには結びついています、焼きたけのこやわ

かたけ汁が。真っ赤なつつじが情熱的で圧倒的な迫力があります。

樹齢でいうと 100 年以上経っているそうです。

长冈京乙训寺因牡丹而闻名，据记载是圣德太子时期建造的，我来赏花的时候正值春牡丹的花期。

牡丹花原产自中国，原做药物栽培。牡丹根部的外皮即"牡丹皮"是一味中药，可制成大黄牡丹皮汤、六味地黄丸和八味丸等。牡丹皮中所含的芍药酮，有消炎、止血、镇痛等功效。

長岡京の乙訓寺に牡丹を観に行った

乙訓寺は、牡丹で有名。聖徳太子の時代からあるそうです。いまは、春牡丹の開花時期。牡丹の原産地は中国、元では薬用に栽培されていたそうです。牡丹の恨の厨皮部分は「牡丹皮」として、大黄牡丹皮湯、六味地黄丸、八味丸など漢方薬の原料になる。薬効成分はペオノールで消炎・止血・鎮痛などに効くそうです。

❀ ｜ 长冈天神的牡丹

— 長岡天神の牡丹

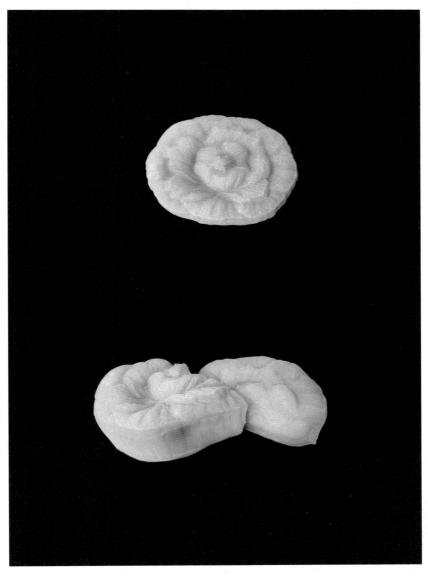

✿ | 京都鹤屋鹤寿庵"牡丹" | 材料：淡红色月饼、白豆沙馅

— 京都鶴屋鶴壽庵「牡 丹」薄紅月餅、白こしあん

今年平等院的紫藤也开得如此茂盛。

今年も見事に平等院の藤の花が、咲きました。

○ 平等院的紫藤开了，就如同一条紫色的瀑布。平安时代著名女流作家清少纳言也很喜爱紫藤，她在《枕草子》❶中曾如此赞美："藤花，以花串长、色泽美丽而盛绽者为最可观。"

― 平等院の藤は、いまが見頃、紫のシャワーを浴びるようです。藤は、清少納言がとっても好きだったようです。「藤の花、しなひ長く、色よく咲きたる、いとめでたし」とあり、藤がしなやかに長く色美しく咲いているようすを褒めています。

---

❶ 《枕草子》：清少纳言所创作的随笔集。此句翻译出自《枕草子》林生译本。

❀ ｜ 鹤屋吉信"藤宴" ｜ 材料：上等米粉、红豆沙馅

— 鶴屋吉信「藤 宴」上用、こしあん

✽ | 二条若狭屋"藤浪" | 材料：上等米粉、红豆沙馅

— 二條若狹屋「藤浪」上用、こしあん

❀ │ 明治四十五年（1912年）在京都蹴上建成的净水厂给当地居民的生活带来了便利。人们将琵琶湖的水经水渠引入京都，在蹴上净水厂进行处理后输送到各家各户。每个京都市民喝的水都来自这里。每年5月，净水厂会对市民开放。今天是我第一次来净水厂赏杜鹃。

虽然我并不清楚这个净水厂是什么时候成了赏花胜地，但这些杜鹃开得是那样娇艳又那样平凡。

— 明治四十五（1912）年にできた蹴上（けあげ）の浄水場は、京都市民にとって大切な施設。琵琶湖から疎水（そすい）を通して京都に水をひき、蹴上の浄水場で処理して各家庭の蛇口に届ける。京都市民は、いつもお世話になっています。前の道路はよく通るのですが、めったに来ることはありません。中に入って、つつじを観るのははじめてですが、毎年5月の連休に一般公開されています。いつからだろう、ここのつつじが注目されるようになったのは。つつじって案外注目されていない、派手なようで地味だし。

✿ ｜ 千本玉寿轩 "蹴上杜鹃" ｜ 材料：金团、红豆粒豆馅

千本玉壽軒「蹴上のつつじ」きんとん、粒あん

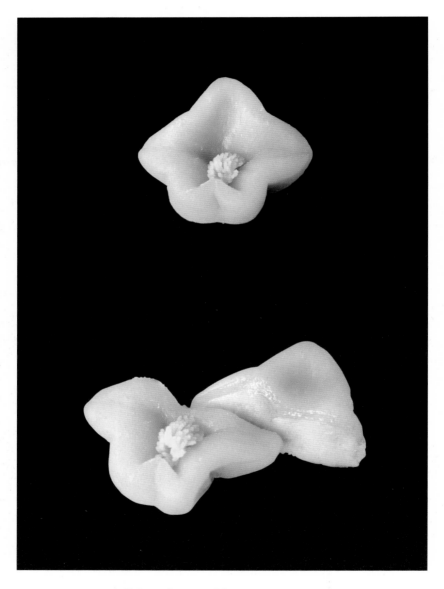

❀ ｜ 二条若狭屋 "深山杜鹃" ｜ 材料：米粉糕、白豆沙馅

— 二條若狭屋「深山のつつじ」外郎、白こしあん

❋ | 龟屋良长"泽之棣棠" | 材料：米粉糕、红豆沙馅

❁ | 宇治平等院

❀ ｜ 春天平等院中又呈现一片新绿，让人神清气爽。我们老百姓的好朋友——十元硬币上就印着平等院的凤凰堂。

一千年前，左大臣源重信的夫人将自己的一处别墅转让给了当时掌权的关白藤原道长，后道长之子赖通于永承七年（1052 年）将此处改建成寺庙，便成了如今的平等院。

新緑の平等院は清々しい！
我々庶民の友である十円硬貨でおなじみの鳳凰堂は千年前、時の権力者関白、藤原道長さんが左大臣、源重信の夫人から譲り受けた別業を、道長の子・頼通が永承七年（1052 年）に仏寺に改め、平等院としたそうです。ちなみに別業とは、業が屋敷という意味で、別荘という意味です。

✽ | 五月的天空

— 五月の空

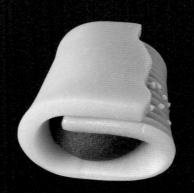

※ ｜ 长久堂"风熏" ｜ 材料：白豆沙面皮、红豆沙馅

— 長久堂「風薫る」こなし、赤こしあん

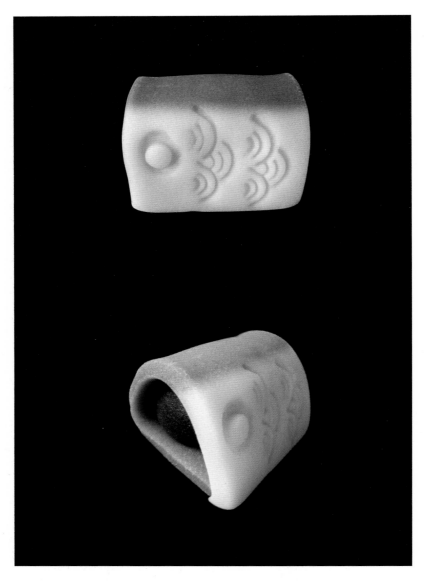

✿ ｜ 千本玉寿轩"鲤鱼旗" ｜ 材料：白豆沙面皮、红豆沙馅

— 千本玉壽軒「こいのぼり」こなし、こしあん

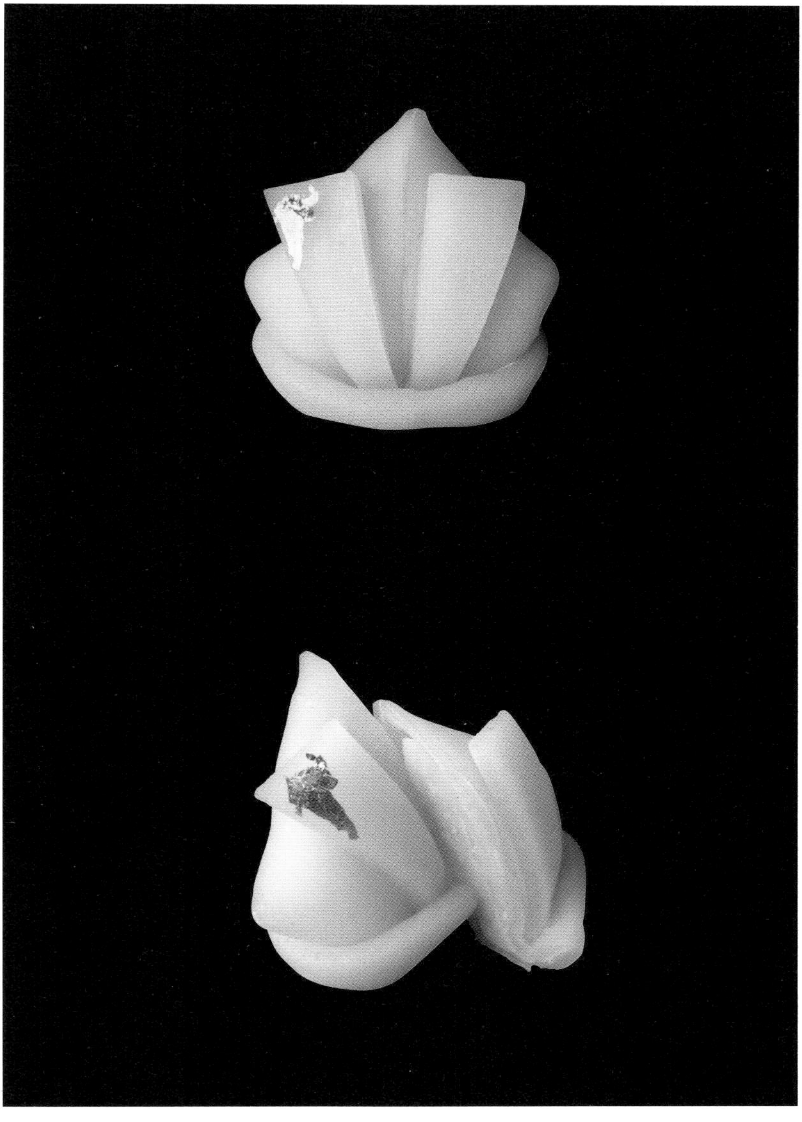

✻ | 长久堂“武士” | 材料：米粉糕、白豆沙馅

— 長久堂「もののふ」外郎、白こしあん

❋ | 日本镰仓时代之后，武士阶级崛起，才有了现在"男孩节"的说法。在中国的战国时期，楚国爱国诗人屈原投汨罗江自尽，百姓为了不让他的遗体被鱼吃掉便将粽子投入江中，后来就有了端午吃粽子的习俗。现在日本的粽子就是源自中国。

　　日本端午还会吃柏饼。因为柏树在长出新芽之前老叶不会脱落，所以有"家族人丁兴旺"的寓意。这家店卖的柏饼远超别家，尤其它的味噌馅特别美味，每年我都会来这里买。

―――

男の子の節句といわれるようになったのは、鎌倉時代以降武士が台頭してからのこと。
粽（ちまき）は、中国戦国時代の楚の愛国詩人屈原の命日に因んだもの。
柏餅に関しては、柏の木は新芽が出るまで古い葉が落ちないということから「家系が絶えない」縁起物として広まったそうです。ここのお店の柏餅は、お餅屋さんやおまん屋さんのと違って、さすがと思う美味しさがある。特にみそあんがいい。年に一度の楽しみです。

✽ │ 长久堂"柏饼" │ 材料：红豆沙馅（中）、味噌馅（下）

— 長久堂「柏餅」（中）こしあん（下）みそあん

✽ | 大田神社的杜若

○　今年大田神社的杜若也到了赏花的季节。

○　大田神社是上贺茂神社的境外摄社❶。摄社即指其祭祀之神和上贺茂神社所祭祀之神有深厚的关系。自平安时代以来，神社前大田泽中的野生杜若就很有名。现已被列入国家天然纪念物。眼前美丽的景象，仿佛闯入了尾形光琳的画中世界。

○　藤原俊成❷也为此美景留下一首和歌："神山脚下望，大田神社前。人愿若有色，染紫杜若花。"

○　大田泽以前应该比现在面积更大，有一条溪流从中经过。

大田神社の杜若（かきつばた）

今年も大田神社の杜若が見頃になってきた。

大田神社は、上賀茂神社の境外摂社（けいがいせっしゃ）です。摂社は上賀茂神社の祭神と縁故の深い神を祀った神社のこと。境内の大田の沢は平安時代から野生の杜若が有名で、国の天然記念物になっています。まさに尾形光琳の世界。

「神山や　大田の沢の　かきつばた　深きたのみは　色にみゆらん」（藤原俊成の歌）

沢ということは、昔は広くて流れがあったんだろうな。

---

❶　境外摄社：如摄社在本社之外有独立的用地则称为境外摄社。

❷　藤原俊成：藤原道长的玄孙，藤原俊忠之子。平安时代后期镰仓时代初期的歌人。

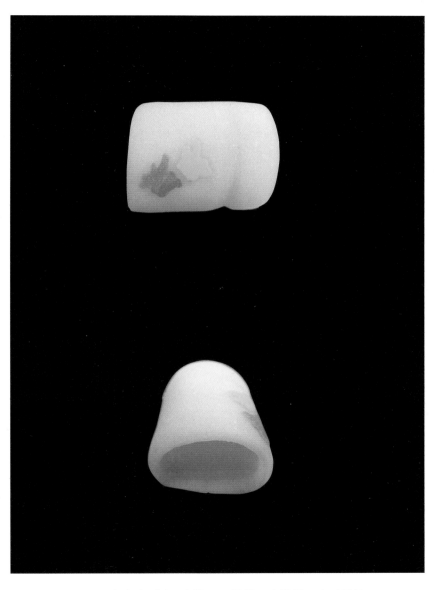

✽ ｜ 长久堂"大田泽" ｜ 材料：米粉糕、白豆沙馅

—— 長久堂「大田の沢」外郎、白こしあん

❋ ｜ 梅宫大社的黄菖蒲

— 梅宫大社の黄菖蒲

○　我来到梅宫大社时虽然还未到黄菖蒲的季节，但有一些已经开花了，还有一些杜若仍未凋谢。

▬

もう少しすると花菖蒲の時期なんだろうな、というシーズンオフの日に訪れましたがもう
咲いていました。まだ少し杜若も残っていました。

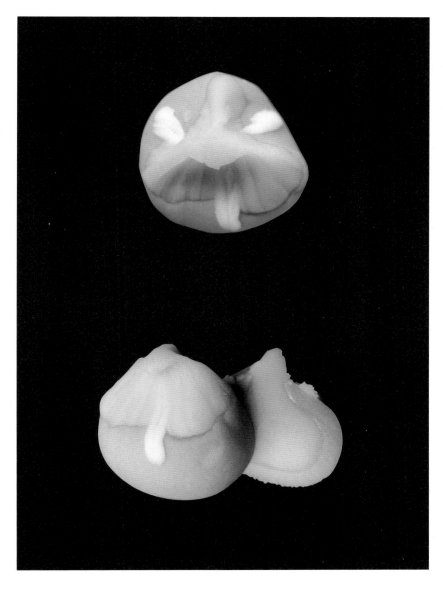

✿ | 京都鶴屋鶴寿庵 "花菖蒲" | 材料：白豆沙面皮、黄豆沙馅

— 京都鶴屋鶴壽庵「花あやめ」こなし、黄あん

- 进入梅雨季节后，就到了花菖蒲绽放的时节。
- 虽然花瓣被雨水打湿的花菖蒲和睡莲更美，但我拍摄时打着雨伞，没能留下它们雨中的模样。
- 由于现在不是赏花期，游客较少，我便有了足够的时间欣赏神苑中的景致。其中星星点点的紫色花朵煞是喜人。

梅雨入りももうそろそろ、花菖蒲はいまが見頃です。

本当は雨に濡れた花菖蒲や睡蓮がいいのですが、傘をさして撮影はちょっと。

観光的にはオフシーズンなので静かに神苑を楽しめます。いまぐらいに見る紫色はとてもきれいに感じます。

✳ ｜ 宇治三室户寺的杜鹃正值花期

○ 三室户寺是西国三十三所观音灵场❶巡礼中的第十个札所，属于本山修验宗的别格本山❷，是光仁天皇的祈愿之所。据传，宝龟元年（770 年），光仁天皇因此地清渊中有千手观音菩萨现身，便修建了三室户寺。

○ 三室户寺距今已有1200 年的历史，也是京都著名的"花之寺"。在这里，5 月可赏杜鹃花，6 月可赏紫阳花，7 月可赏莲花，11 月可赏红叶。

○ 说起紫阳花就还要再多说两句。三室户寺的紫阳花有两万多株，到了盛开的时节，就仿佛进入了紫阳花的海洋，成为现在三室户寺的名景之一。

いまが見頃の宇治の三室戸寺のつつじ

　　西国観音霊場第十番札所で本山修験宗の別格本山です。宝亀元（770）年、光仁天皇の勅願により、三室戸寺の奥、岩淵より出現された千手観音菩薩を御本尊として創建されました。1200 年以上も前のことです。京都では、「花の寺」として知られていて、いまがつつじ。6 月にはアジサイ、7 月には蓮、11 月には紅葉が有名。ここのアジサイは二万株ぐらいあり、満開になるとアジサイの大海原のような状態になります。これはすごいのひとこと。

---

❶ 西国三十三所观音灵场：指日本西国近畿地方二府四县（京都府、大阪府、和歌山县、奈良县、滋贺县、兵库县）和岐阜县境内的三十三处巡礼道场。

❷ 别格本山：本山即佛教中各宗派内地位最高的寺院。地位由高至低为总本山、别格本山、本山，这一制度是在江户时代确立的。

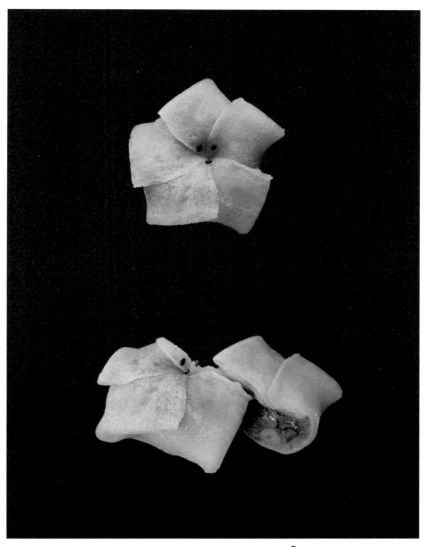

✿ | 鶴屋吉信"皐月花" | 材料：烧皮❶、红豆粒豆馅

—— 鶴屋吉信「さつき花」烧皮、つぶあん

——

❶ 烧皮：将水和面粉混合成面糊状，用勺子舀起面糊在平底锅内轻轻铺成一个个小椭圆形，两面煎熟。一般卷着红豆沙馅制成和果子。

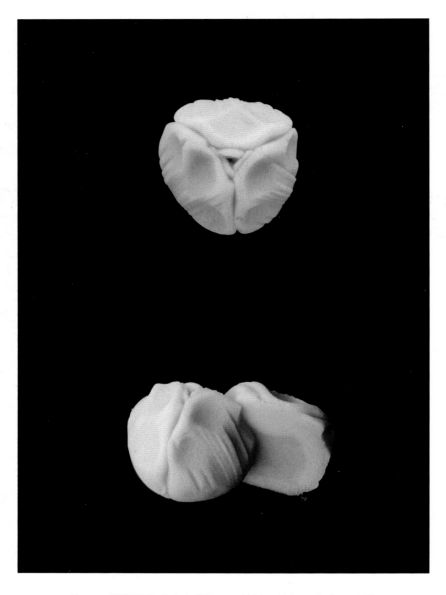

✿ | 紫野源水"富贵草" | 材料：练切、白小豆豆馅

— 紫野源水「富貴草」煉切り、白小豆こしあん

✲ | **茱萸花即将绽放**

— 花水木(はなみずき)の開花前

◦ 茱萸花开前外形十分独特。日语中也有“美国四照花”的名字，据说是从美国引入日本的。

变わった形をしているな、開いても不思議。
別名、アメリカヤマボウシ。アメリカから来た花なんだそうです。

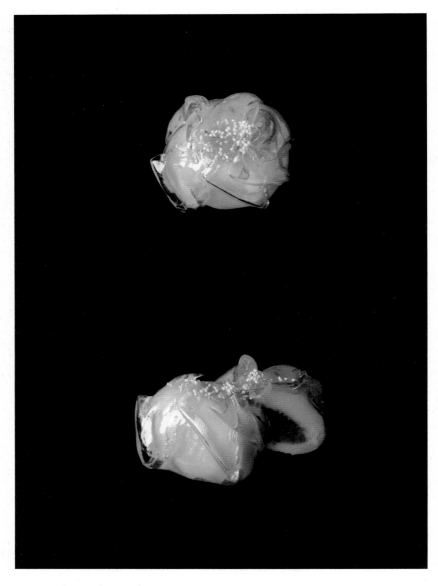

✽ | 龟屋良长"水牡丹" | 材料：琼脂、练切、红豆粒豆馅

— 龟屋良長「水牡丹」寒天、煉切り、つぶあん

拍下这款和果子时，正值日本的母亲节。虽然各国的母亲节时间有所不同，但大家对母亲的感谢之情都是相同的。

今日は、母の日。国によって日にちは違うようですね。日は違っても、おかあさんに感謝する心は同じ。

✽ ｜ 长久堂"谢谢" ｜ 材料：米粉糕、练切馅

—— 長久堂「ありがとう」外郎、煉切りあん

✳ ｜ 黄色

黄水仙、黄檗、刈安❶、黄朽叶❷、藤黄、芥子、菜籽油、嫩芽、郁金、栀子、柠檬、棣棠、鸡蛋、油菜花、桑等，都是有代表性的黄色。在我的工作中经常会用到它们。

黄色是一个高可见度的色彩，给人明快的视觉体验。代表着光明、希望、快乐、幸福、自由和解放等意义。

黄水仙、黄檗、刈安、黄朽葉、藤黄、芥子、菜種油、若芽、鬱金、支子、檸檬、山吹、卵、菜の花、桑……思い浮かぶだけでこれぐらいはある。

仕事では、結構使い分けているかな。

黄色は、有彩色で一番明度が高く明るく、精神の明るさや希望などを表します。明るさから、楽しい、幸せ、顧望、自由や解放なども意味します。

❶ 刈安：禾本目植物，是一种日本古代常用染料。

❷ 黄朽叶：一种日本传统颜色名称。

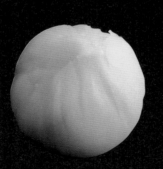

✿ ｜ 长久堂 "七重八重" ｜ 材料：白豆沙面皮、红豆沙馅

— 長久堂「七重八重」こなし、赤ごしあん

❋ ｜ 葵祭

上贺茂神社和下鸭神社的祭礼。

原来分为三个步骤，分别为"宫中之仪""社头之仪"和"路头之仪"。

现在省略了"宫中之仪"，只保留了后两个。

虽然现在人们往往更关注华丽的"路头之仪"，但在过去神前咏诵祭文、上供祭品、跳祭神舞等"社头之仪"才是葵祭的重头戏。

上賀茂神社と下鴨神社の祭礼。
本来は、「宮中の儀」「社頭の儀」と「路頭の儀」の三つで構成されていたが、現在は、「宮中の儀」は省かれ、残り二つだけになってしまっています。葵祭とみなさんが思っているのは「路頭の儀」のこと。本来は、神前で祭文を読み上げ、供物や舞を奉納する「社頭の儀」がメインです。

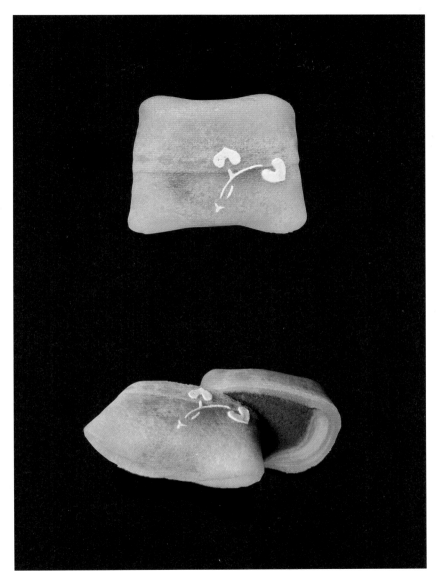

❋ ｜ 鶴屋吉信"賀茂绿" ｜ 材料：烧皮、黑豆沙馅

— 鶴屋吉信「賀茂みどり」烧皮、黒こしあん

❋ ｜ 鹤屋吉信"王朝花伞" ｜ 材料：白豆沙面皮、白豆沙馅

— 鶴屋吉信「王朝花傘」こなし、白こしあん

✻ | 在距今 1400 年左右的钦明天皇（539 — 571）时代，作物歉收、疾病蔓延。天皇经占卜后发现是贺茂之神在降灾，随即令人即刻进行祭祀活动，这便是葵祭（贺茂祭）的起源。

祭祀时人们用向日葵叶将御所宫殿的竹帘、牛车、牛马、列队祭祀人们的衣服和帽子都装饰一番，"葵祭"因此而得名。

いまから約 1400 年前の欽明天皇（539 〜 571）の時代に大凶作や疫病がまん延した。天皇が占わせたところ、災いは賀茂の神々の祟りであるということが判明。それで天皇が勅使を遣わし、祭礼を行ったのが葵祭（賀茂祭）の起源なんだそうです。

葵祭の名称は祭りの当日、御所内裏の御簾とか、牛車、勅使や行列の人らの冠や装束、牛馬などすべてを葵の葉っぱで飾ったことによります。

柳树发芽

一 柳の新芽

✿ | 龟屋良长"芽柳" | 材料：练切、红豆粒豆沙

— 亀屋良長「芽 柳」煉切り、粒あん

✳ | 长久堂"花筏" | 材料：白豆沙面皮（加入山芋）、红豆沙馅

— 長久堂「花 筏」こなし（山芋入り）、赤こしあん

❋ ｜ 紫野源水"春丽" ｜ 材料：练切、白豆沙馅

— 紫野源水「春うらら」煉切り、白こしあん

❀ ｜ 紫野源水 "本蕨饼" ｜ 材料：小豆豆馅

—— 紫野源水「本蕨餅」小豆こしあん

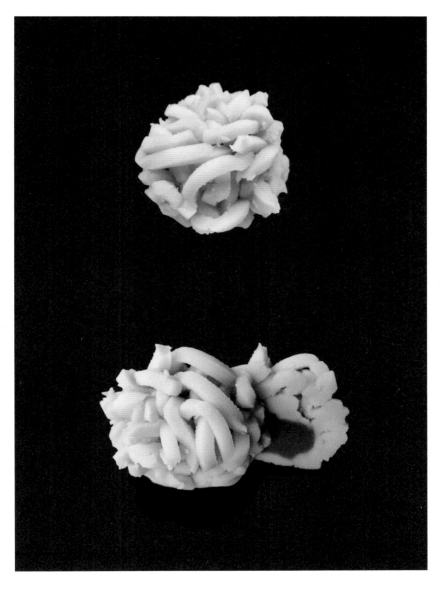

❀ ｜ 龟屋良长"花散里" ｜ 材料：金团（加入山芋）、红豆沙馅

― 亀屋良長「花散里」山芋入りきんとん、こしあん

✻ ｜ 长久堂"乙女之歌" ｜ 材料：白豆沙面皮（加入山芋和面粉）、

红豆沙馅

—— 長久堂「乙女の唄」こなし（山芋、小麦粉）、こしあん

✳ ｜ 长久堂"花蓬莱" ｜ 材料：雪平❶、红豆沙馅

— 長久堂「花蓬莱」雪平、赤こしあん

❶ 雪平："平"指饼，即像雪一样白的饼。

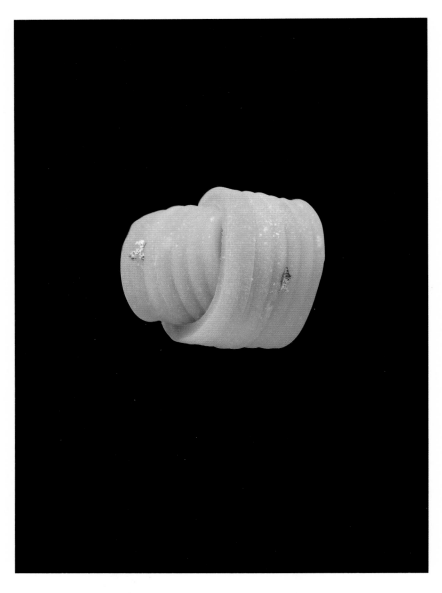

✽ | 长久堂"匂君" | 材料：米粉糕、冈山县备中白豆沙馅

— 長久堂「匂ふ君」外郎、備中白こしあん

SUMMER

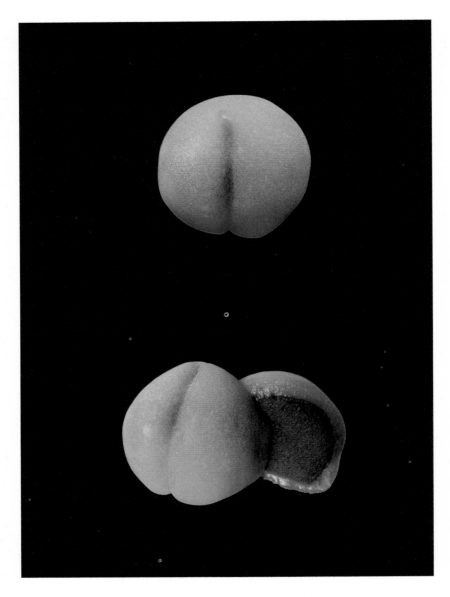

※ ｜ 京都鹤屋鹤寿庵"青梅" ｜ 材料：青色月饼、红豆沙馅

— 京都鶴屋鶴壽庵「青梅」青月餅、こしあん

　※　|　梅宫大社梅苑的青梅结果了，很快又要到渍青梅的时节了。

　—　梅宮大社の梅苑では青梅がなっている。そろそろ梅を漬けるシーズンが近づいてきましたね。

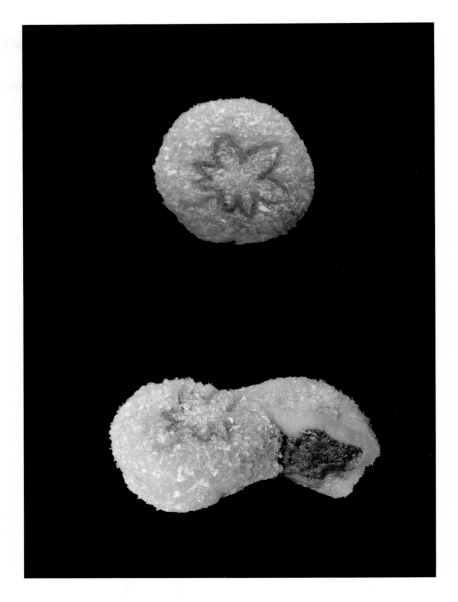

※ | 盐芳轩"青枫" | 材料：道明寺粉、红豆粒豆馅、绿色豆馅

— 塩芳軒「青楓」道明寺、粒あん、緑あん

※ ｜ 清水寺舞台上的拟宝珠。

关于它的形状有很多种说法，其中一个说是像大葱的花。

— 清水寺の舞台の擬宝珠。この擬宝珠はいろんな説があるのですが、そのひとつにネギ坊主の形というのがあります。

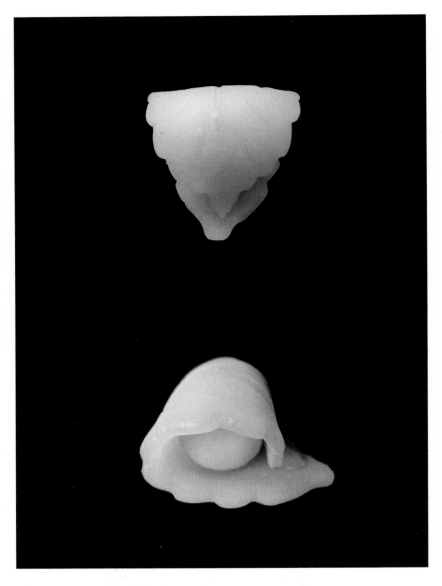

※ | 紫野源水 "卷叶象鼻虫" | 材料：米粉糕、白豆沙馅

— 紫野源水「落とし文」外郎、白こしあん

※ ｜ 紫野源水"菖蒲" ｜ 材料：练切、白小豆粒豆馅

— 紫野源水「あやめ」煉切り、白小豆粒あん

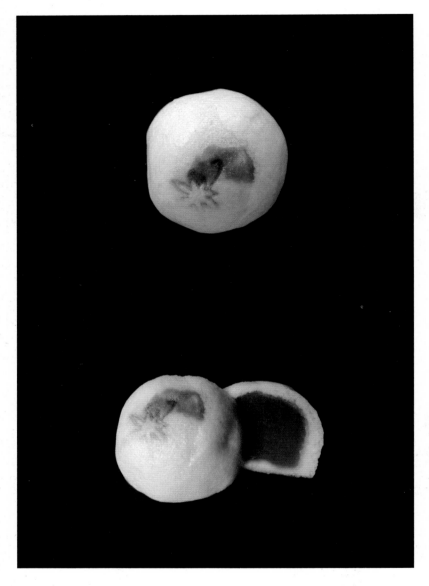

※ | 紫野源水"青枫" | 材料：薯蓣、红豆沙馅

— 紫野源水「青楓」薯蕷、小豆こしあん

青枫

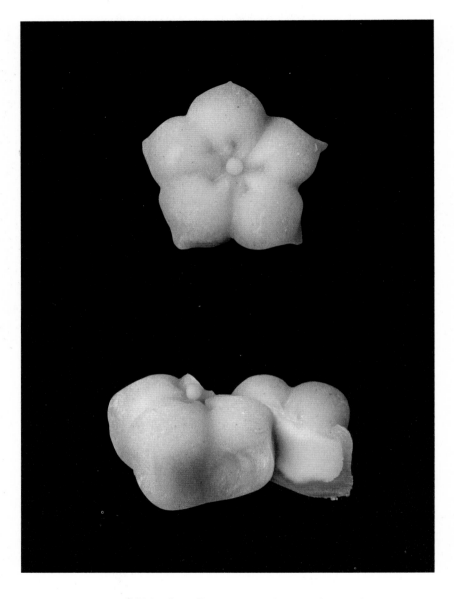

※ ｜ 盐芳轩"桔梗" ｜ 材料：米粉糕、白豆沙馅

— 塩芳軒「ききょう」外郎、白あん

○　这天我去东福寺后顺路去了一趟天得院。这里的桔梗也开花了。
庆长十九年（1614 年），东福寺住持文英清韩大师应丰臣秀赖的请求为方广寺的钟铭撰文。但由于德川家康认为铭文中“国家安康，君臣丰乐”是对德川家的诅咒，震怒之下破坏了天得院，并于第二年大阪夏之阵击溃了丰臣家。后来天得院经过修缮和重建，变成了今天的样子。

—

東福寺に行ったので天得院にも寄りました。いま、桔梗が見頃です。
慶長十九（1614）年、文英清韓長老が住持になったとき、秀頼の請に応じて方広寺の鐘銘を撰文した。しかし銘文中の「国家安康、君臣豊楽」の文字が徳川家を呪詛するものとして徳川家康の怒りを買い、天得院は取り壊され、翌年の大坂夏の陣によって豊臣家は滅ぼされました。後に再建され現在に至っています。

✳ ｜ **跨越茅之轮**

— 茅の輪くぐり

✳ ｜ 在上贺茂神社围绕茅之轮吟诵着和歌"水无月行夏越祓之人可延寿千年"。为求消灾驱邪，6月22日和25日各个神社都开始举行每年两次的"夏越祓"仪式，即神道教中的"大祓"。

▬

上賀茂神社、ここは和歌を唱えてまわります。

6月22、25日からは、各神社で夏越祓、年に2回の穢れを祓う行事のうちのひとつ、

神道でいう大祓が行われます。「みな月の　なごしの祓する人は　千年の命　のぶといふなり」

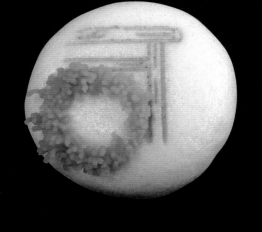

❋ ｜ 龟屋良长"夏越" ｜ 材料：细米粉、黑豆沙馅

— 龟屋良長「夏 越」上用、黒こしあん

❋ | 贵船神社被称作京都的"内室"。这里的气温与市内相比要有3～5℃的温差。

这里的水无月（即六月）大祓仪式所唱和歌有三句。

1. 水无月行夏越祓之人可延寿千年

2. 所思所烦水无月碎麻叶一并祛除

3. 苏民将来❶、苏民将来

虽然记得快忘得也快，但在进行跨越茅之轮仪式前一定要将这三句记牢。传说能延寿千年呢。

这就是京都人六月的活动夏越。

ここ貴船神社は京都の奥座敷といわれているところ。

京都市内と気温が3～5度は違います。

ここの水無月の大祓では、和歌が3番まであります。

1. みな月の　なごしの祓する人は　千年の命　のぶといふなり

2. 思う事　みなつきねとて　麻の葉を　きりにきりても祓ひつるかな

3. 蘇民将来・蘇民将来

くぐる前に覚えておかないといけません。でもすぐに忘れてしまう。

くぐったら千年も生きられるそうですよ。夏越といえば、京都人は「水無月」ですね。

❶ 苏民将来：日本神话故事。传说武塔天神为报答苏民将来收留他的恩情，苏民将来用茅草扎在腰间躲过了疫病。后便有茅草能祛除瘟疫的说法。

❋ | **贵船神社夏越大祓茅之轮护身符**

— 貴船神社夏越大祓ちのわのお札

○ 上等的和果子"水无月"的价格是普通的几倍，但味道绝对对得起价钱。

图中展示的就是时下最受欢迎的两款水无月，是京都人必吃的和果子。

―

上等の水無月は値段が普通の倍はしますが、やっぱり値段だけのことはありました。

右）これが・番ポピュラーな形です。京都人は、これを食べないといけないと思っています。

※ ｜ 京都鹤屋鹤寿庵"水无月" ｜ 材料：米粉糕

― 京都鶴屋鶴壽庵「水無月」外郎

❋ ｜ 盐芳轩"水无月" ｜ 材料：米粉糕

— 塩芳軒「水無月」外郎 /.

❋ ｜ 长久堂"水无月" ｜ 材料：米粉糕、黑糖

— 長久堂「水無月」外郎、黒糖

※ ｜ 水无月，在日文中虽为"水の無い月"，但并不是指没有水。其中的"无"与"神无月（十月）"用法相同，无即"な"，相当于连体助词"の"，表达"水之月"的意思。在阴历中，六月是向田间引水的月份，所以后来被人们称为水无月。京都人都会吃"水无月"这款和果子。古时候，人们在冬天存冰，并于阴历六月一日将冰取出献给宫中。天皇为消暑会将红小豆放在冰上，配以甘葛煮的甜汁一同食用。以前京都的冰窖在西贺茂和丹波一带，其中西贺茂为主要冰窖，丹波则为备用冰窖。西贺茂的冰窖如今就位于京见峠东北方向的冰室町。

○ 由于古时候冰是非常珍贵的，平民通常吃不起。人们就想了方法，将红小豆放在白色的米粉糕上，切成三角形做成和果子。水无月上面的红小豆有驱除恶灵的含义，三角形则代表冰。但平民能吃上水无月也是明治时代以后的事情了。其他地区的人其实是很少吃水无月的，想必许多京都人都会感到非常震惊吧。据说是因为"水无月"是京都府果子工业组合注册的商标，所以其他地方不能随意使用这个名字。

―

水無月は、「水の無い月」と書きますが、水が無いわけではない。「無」は、神無月と同じように、「の」にあたる連体助詞「な」で、「水の月」という意味です。旧暦6月は田んぼに水を引く月であるから、水無月といわれるようになりました。京都では、「水無月」というお菓子を食べます。

もともとは、冬に氷室で氷を保存し、旧暦の6月1日に氷を取り出し、宮中に献上した。献上された氷は、帝が暑気払いに小豆をのせて「あまかずら」という植物の蔓を煎じた甘汁をかけて食べたんだそうです。京都の氷室は、西賀茂と丹波にありました。メインの氷室は西賀茂で、丹波は予備だったそうです。　いまでも西賀茂の氷室は、京見峠の北東、現在の氷室町にあります。

氷などは、庶民の口には入らないから、白の生地に小豆をのせ、三角形に包丁された菓子にしました。水無月の上部にある小豆は悪霊祓いの意味があり、三角の形は暑気を払う氷を表しているといわれています。それさえ庶民が食べられるようになったのは、明治以降のこと、この水無月、他の地域に行くと食べない、というか、ないことに京都人はびっくりする。

「水無月」という名前は、京都府菓子工業組合の登録商標なんだそうです。

だから地方で勝手に作って売れないというのが真相のようです。

❋ ｜ 水琴窟❶的声音带给人丝丝凉意

— 水琴窟の音、涼しかるらん

○ 很少有机会能在妙心寺退藏院听水琴窟的流水之音。
走过枯山水的庭院，竖起耳朵，就会隐约听到它悦耳的声音。

───

水琴窟の音が妙心寺退藏院で聴けます。
本物を聴く機会はそうそうありません。
枯山水の庭を抜けると本物の池があります。
ありました。
よく耳を澄ますと聴こえました。

───

❶ 水琴窟：一种日本式花园装饰和乐器。水通过一壶上的洞口流入水池，会产生悦耳的击水声。

❋ ｜ 长久堂"水琴窟" ｜ 材料：黑糖吉野葛❶、红豆沙馅、冈山县备中鹿
子❷豆

—— 長久堂「水琴窟」黒糖吉野葛、赤ごしあん玉、備中鹿の子豆入り

—

❶ 吉野葛：日本贵族喜爱的一种植物，据传有亮肤功效。古代常将吉野葛制成化妆专用美容粉。

❷ 鹿子：将豆子包在馅外，就像鹿的斑点一样而得名。

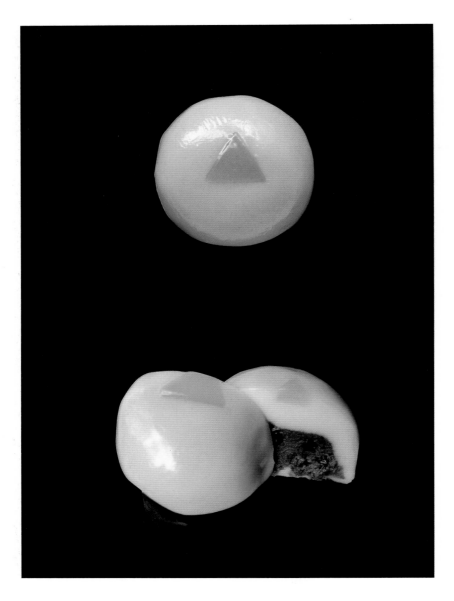

※ ｜ 键善良房"冰室" ｜ 材料：练切、红豆沙馅

— 鍵善良房「氷室」煉切り、粒あん

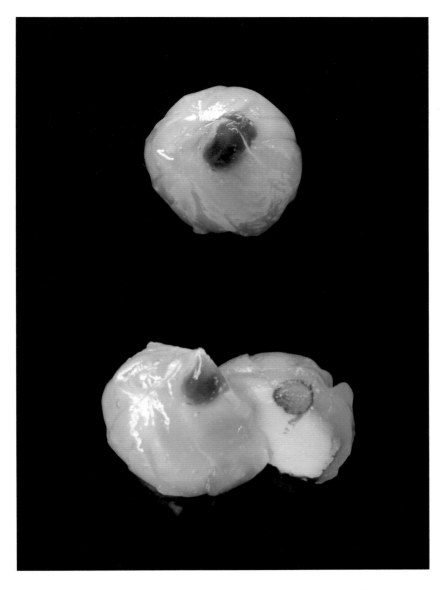

※ | 龟屋清永"溪流" | 材料：吉野葛、白豆沙馅

— 龟屋清永「溪 流」吉野葛、白こしあん

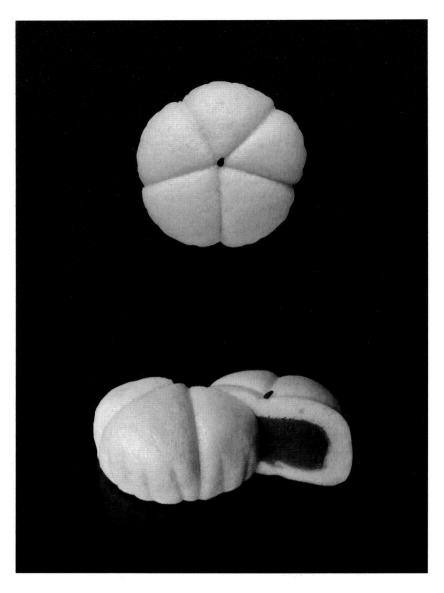

※ | 二条若狭屋"抚子" | 材料：上等米粉、红豆沙馅
— 二條若狹屋「なでしこ」上用、こしあん

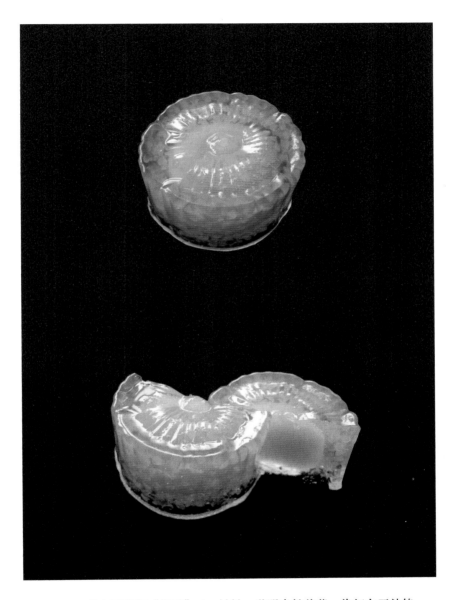

※ ｜ 千本玉寿轩"抚子" ｜ 材料：道明寺粉羊羹、染红白豆沙馅

— 千本玉壽軒「撫子」道明寺入り羊羹、赤色白こしあん

※ ｜ 抚子花，学名瞿麦花，其意为像抚摸自己孩子一样疼爱它。
抚子花并不那么常见，据说是因为花朵十分娇柔可爱，所以才起了这个名字。

撫子（なでしこ）って、見かけそうでなかなか見かけない。
名前の由来は、我が子を撫でるようにかわいがるのと同じように、
かわいい花ということで。「撫子」という名前になったんだそうです。

※｜本願寺唐門

大德寺土壁

※ ｜ 凌晨两点我从睡梦中醒来，忽闻窗外的鸟啼声。

○ "天色曦微闻杜宇，举头新月一弯残"——后德大寺左大臣

○ 夏季来到时人们就会听到杜鹃鸟的啼叫。从平安时代以来，杜鹃鸟就有"报夏""夜啼"的说法。

在平安时代，人们将杜鹃鸟夏天第一次啼叫称为"初音"。那时有的人一整夜不睡，就为了听杜鹃鸟的声音。

可能我刚才听到的那一声鸟鸣就是"初音"呢，这么一想我觉得突然醒来是赚到了。

─────

2時ぐらいに起きると、突然鳥が鳴いた。「ほととぎす　鳴きつる方を　ながむれば　ただありあけの　月ぞ残れる」

後徳大寺左大臣ホトトギスは、夏の到来を知らせる鳥。平安時代から「夏を告げる鳥」「夜中に鳴く鳥」だったそうです。もちろん昼間も鳴くだろうけど。平安時代の人は、夏のホトトギスの最初の声「初音」を聞くために一晩中起きていたというようなことをしたんだそうです。ひょっとしてこの間のは、「初音」だったのかな……ならちょっと得をしたかも。

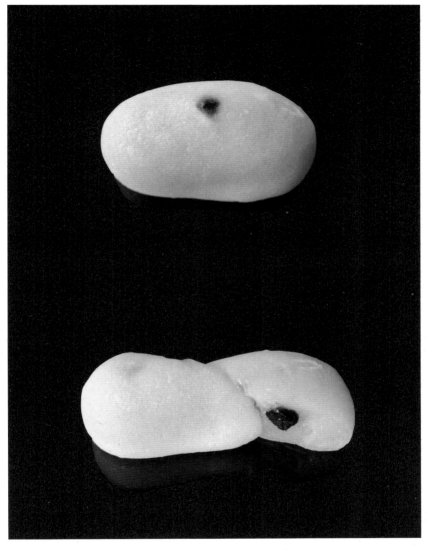

※ ｜ 紫野源水"一声（杜鹃）"｜材料：羽二重饼❶、白豆沙馅、大德寺豆

― 紫野源水「一声（ほととぎす）」羽二重餅、白こしあん、大德寺豆
―

❶ 羽二重饼：日本福井特色和果子。因其如羽二重织富有光泽而得名。

※ | 快要到紫阳花开的季节了。

进入梅雨季后，虽然天气变得很潮湿，但是如果再不下雨就要干旱了。

在梅雨季，干旱其实并不是京都人会担心的问题，下水道发霉才是。琵琶湖里的藻类过量繁殖，导致现在下水道频频出现问题。

绣球花，日语汉字写作紫阳花。绣球花在这样的季节里颜色是十分多变的。一朵绣球花从开花到枯萎会展现出不同的花色，所以又名为"七变化"。也正因为绣球花的花色缤纷多彩，所以有爱变心的含义，象征移情善变、见异思迁、性格冷淡的人。现在绣球花给人留下了较多的负面印象，大概是由于从古至今日本的民族价值观就是崇尚不变的。

— そろそろ紫陽花が見頃になってきた。

梅雨入りももうそろそろでしょうか。

うっとうしいけれど雨も降ってもらわないとまた水不足になる。

京都の場合は、水不足にはならないけど、

琵琶湖に藻が異常発生して水道水がカビ臭くなるのがかなわない。

紫陽花にはさまざまな色がありますが、一本の紫陽花が咲いてから枯れるまでもさまざまにその色を変え、一名に「七変化」とも呼ばれます。そこから、紫陽花は変わりやすい心の比喩に用いられました。心変わりや移り気、あるいは冷淡な性格を象徴させることがある花です。不変の価値を尊ぶのはおそらく民族の気質として古代から変わらないものなのでしょう、紫陽花があまり良くないイメージを負いはじめたのは、相当古い時期からのことと考えられます。

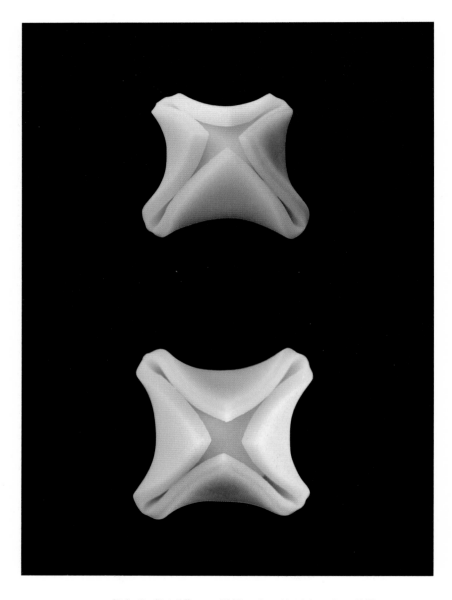

※ ｜ 长久堂"四葩" ｜ 材料：白豆沙面皮、白豆沙馅

— 長久堂「よひら」こなし、白こしあん

。 我个人还是很喜欢绣球花的。

它看起来像四片花瓣的部分其实是花萼。

中心小小的颗粒状物才是它的花。

私は、ガクアジサイのほうが好き。

この四弁の花と見られてきたものは実は花ではなく萼で、

紫陽花の本当の花は中央に集まる小さな粒のような部分なんです。

❋ ｜ 龟屋良长"四葩" ｜ 材料：练切、白豆沙馅

— 龟屋良長「四ひら」煉切り、白こしあん

※ ｜ 京都鶴屋鶴寿庵"紫阳花" ｜ 材料：葛粉、蛋黄馅

— 京都鶴屋鶴壽庵「紫陽花」葛、黄身あん

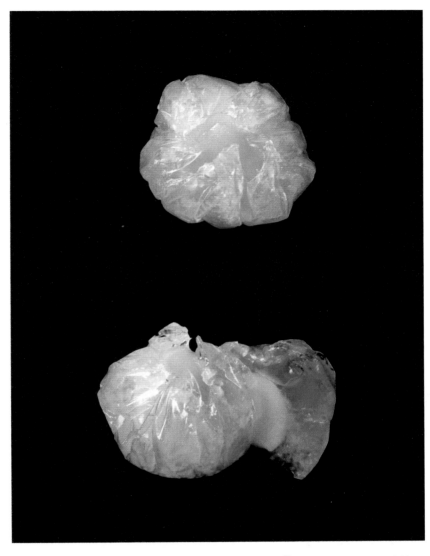

※ | 总本家骏河屋"水牡丹" | 材料：锦玉❶、道明寺粉、白豆沙馅

— 総本家駿河屋「水ぼたん」錦玉、道明寺、白こしあん —

❶ 锦玉：琼脂制成。

※ | 长久堂"七变化" | 材料：味甚羹、红豆沙馅

— 長久堂「七変化」 みじん羹、赤こしあん

※ ｜ 天气逐渐有了梅雨季的样子。

绣球花有普通的球状花，还有日本原产的紫阳花。

绣球花的花色主要受花青素的含量、辅助色素、土壤酸碱度及铝离子含量
的影响。所以并不是土壤呈酸性就是蓝色、呈碱性就是红色这么简单。

绣球花一般刚开时是蓝色的，快凋谢时会逐渐染上红色。

———

やっと梅雨らしい空模様になってきた。
紫陽花は球状のセイヨウアジサイと、日本原産のガクアジサイがあります。
花の色は、アントシアニンや発色に影響する補助色素や土壌の酸性度や
アルミニウムイオンの量で変わるそうです。
単純に土が酸性なら青でアルカリ性なら赤というものではないそうです。
初めは青く咲いていて、咲き終わりに近づくにつれて赤みがかってきますよね。

。 声音也是让夏天变凉爽的一种方式。

水滴蹲踞、竹筒敲石还有水琴窟等都会令人感到清凉。

不得不让我感叹日本庭院的设计。

"瑞"在日语中代表"可喜可贺"。

"居"即表示坐、在、场所和存在（结尾词）、存在的地方。

所以"瑞居"的含义就是存在即可喜。

看着这款和果子，就能给人带来一股清凉的气息。

琥珀羹如果不冷藏食用，味道会有些过甜了。可能是因为冰过后，甜度会
有所下降，所以特意做得比较甜。与葛粉做原料的果子不同，琥珀羹即使
放入冰箱也依旧是透明的样子，不会变得浑浊，很好储藏。

涼をもとめるといえば、音なんかも大事ですね。

蹲 に水が落ちる音や鹿威し、水琴窟なんかの音もいい。

日本の庭は、うまくつくられていると思う。

瑞は「めでたい」という意味。

居は、すわること。いること。また、その所。(接尾語的に) 存在すること。存在する所。

そこに居てるだけで、めでたいってなんかわかるような気がする。

なんか見ているだけで、涼しく感じられます。

琥珀羹は、冷やさないで食べるとちょっと甘すぎ。

冷やすことが前提で甘味を調整してあるんだろうな。

葛と違い、冷蔵庫に入れっぱなしにしても濁らないから管理も楽だし。

❋ | 长久堂"瑞居之风" | 材料：琥珀羹❶、蛋清

― 長久堂「瑞居の風」こはくかん、卵白入り
―

❶ 琥珀羹：麦芽糖和琼脂制成。

○　简称"团"，是奈良时代由遣唐使传入日本的唐果子。在众多京果子中，还保持着一千年前的造型。

略してお団と言い、遠く奈良時代遣唐使により我国に伝えられた唐菓子の一種で、
数多い京菓子の中で、千年の歴史を昔の姿そのまま、今なお保存されているものの一つであります。

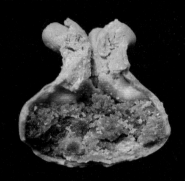

※　｜　龟屋清永"清净欢喜团"

— 亀屋清永「清浄歓喜団」

※ | 总本家骏河屋"夕立" | 材料：锦玉、葛粉

—— 総本家駿河屋「夕立」錦玉、葛

○ 这款上生果子是用葛粉制成，摸起来非常柔软，它的设计给人一种看到宇宙的奇妙感觉。

— この上生菓子は葛製なのでとても肌触りがいい。生菓子の中に宇宙を感じる不思議な感覚です。

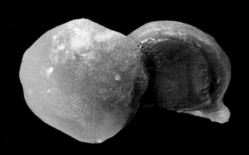

※ ｜ 千本玉寿轩"星月夜" ｜ 材料：葛粉、黑豆沙馅

— 千本玉壽軒「星月夜」葛、黒こしあん

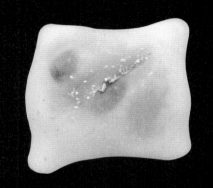

❋ ｜ 紫野源水 "天之川" ｜ 材料：米粉糕、白小豆豆馅

— 紫野源水「天の川」外郎、白小豆あん

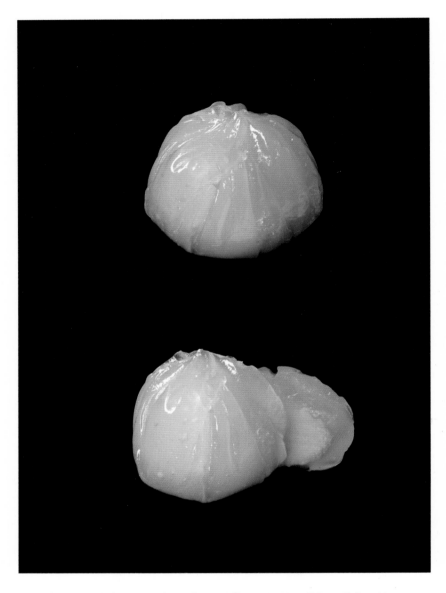

※ ｜ 京都鶴屋鶴寿轩"星之光" ｜ 材料：葛粉、黄色豆馅

— 京都鶴屋鶴壽庵「星の光」葛、黄あん

※ ｜ **龟屋良长"对星空许愿"** ｜ **材料：琥珀、白色豆馅**

— 龟屋良長「星に願いを」琥珀、白あん

※ ｜ 今天是七夕。

由于江户时代人们会在夏越大祓时给茅之轮两边挂竹子，久而久之就形成了日本人在七夕将写好愿望的短签挂在竹子上的独特习俗。

七夕本来应该是七月七日举行的迎神仪式，受中国文化的影响，牛郎织女的故事也家喻户晓。举行迎神仪式时，人们在水边架祭坛向神供奉织出的神衣。织神衣的织布机就叫作"棚机"，织布的姑娘则称为"棚机女"，一般由她来进行迎神。想要祛除身上污秽邪恶的人们在河里清洁身体，祈求神明净化身心，这就是七夕的起源。

*祓：神道教中祛除自身污秽的或重要的祭神之事前人们都会在河水或者海水中清洁身体。

今日は、七夕。

短冊などを笹に飾る風習は、夏越の大祓に設置される茅の輪の両脇の笹竹に因んで江戸時代から始まったもので、日本以外では見られません。七夕は、本来7月7日に行われていた神迎えの儀式に、中国の行事が結びつき、彦星と織姫の物語とあいまって民間に広がりました。神迎えの儀式とは、水辺に棚（祭壇）を設え、その棚に神の衣を織って奉上する儀式。この衣を織る機織を棚機というのです。衣を織る乙女を乙棚機といった。その乙女が神さんを迎える。穢れを祓ってもらいたい人たちが川で禊を行い、神さんにその人たちの穢れを持ち去ってもらうというもの。

この儀式が七夕の元なんです。

※ 禊：神道で自分自身の身に穢れのあるときや重大な神事などに従う前に、自分自身の身を川や海で　洗い清めること。

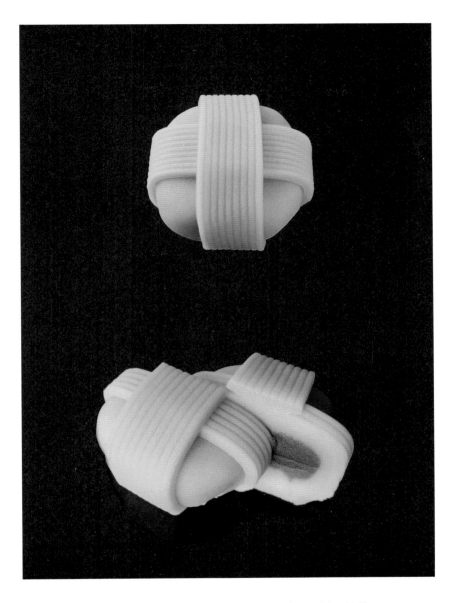

※ ｜ 龟屋良长"织女" ｜ 材料：练切、黑豆沙馅

— 亀屋良長「織姫」煉切り、黒こしあん

※ | 键善良房"若鲇" | 材料：上等米粉、红豆沙馅

— 鍵善良房「若鮎」上用、こしあん

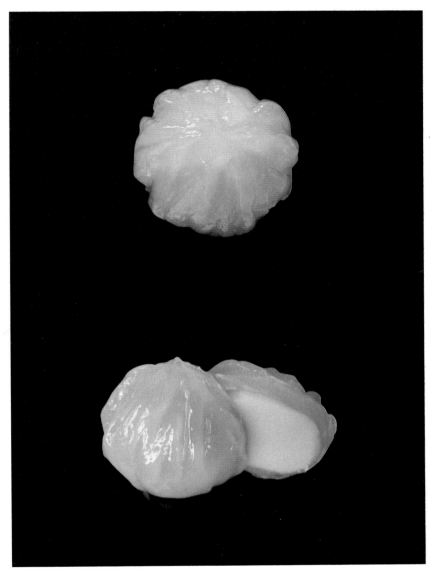

※ | 盐芳轩"水牡丹" | 材料：葛粉、白豆沙馅

— 塩芳軒「水ぼたん」葛、しろあん

○　和果子中加入了莼菜，这是我第一次见这样的果子。

— じゅんさい入り、こんな和菓子は初めて見ました。

❋　|　**紫野源水"藻之花"**　|　**材料：琥珀羹**

— 紫野源水「藻の花」琥珀羹

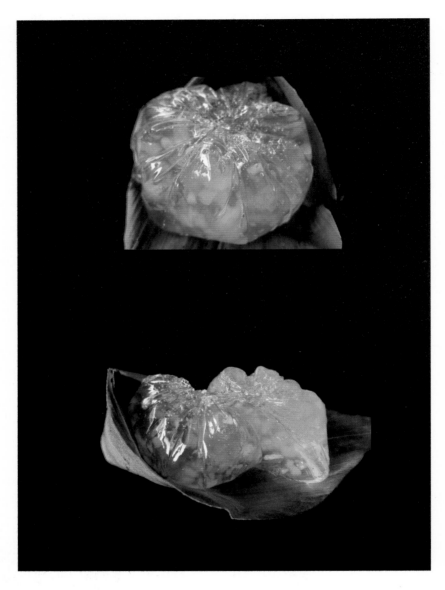

※ | 龟屋良长 "水之音" | 材料：琥珀、道明寺粉

— 亀屋良長「水の音」琥珀、道明寺

※ ｜ 紫野源水"朝露" ｜ 材料：金团、红小豆粒豆馅

— 紫野源水「朝露」きんとん、小豆粒あん

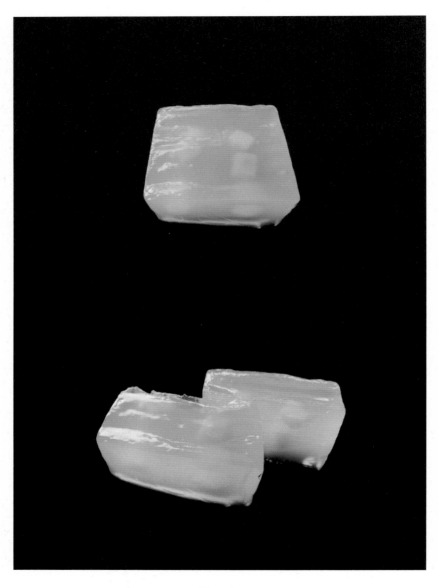

※ | 长久堂"花冰" | 材料：葛粉

― 長久堂「花氷」葛

。 上生果子的外形变得越来越华丽了。
这样的果子真的能给人一种秋的气息。

— 上生菓子は、そろそろ華やかになってきました。実際の季
節より確実に秋をたのしめそう。

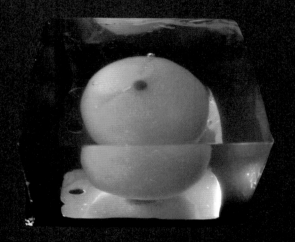

※ | 长久堂"惜夏" | 材料：琥珀、冈山县备中白豆沙馅

— 长久堂「夏惜しむ」琥珀、備中白こしあん

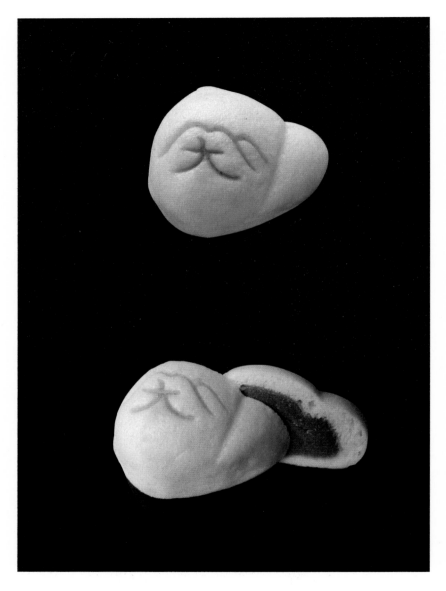

※ ｜ 二条若狭屋"夏之山" ｜ 材料：上等米粉、黑豆沙馅

一 二條若狹屋「夏の山」上用、黒こしあん

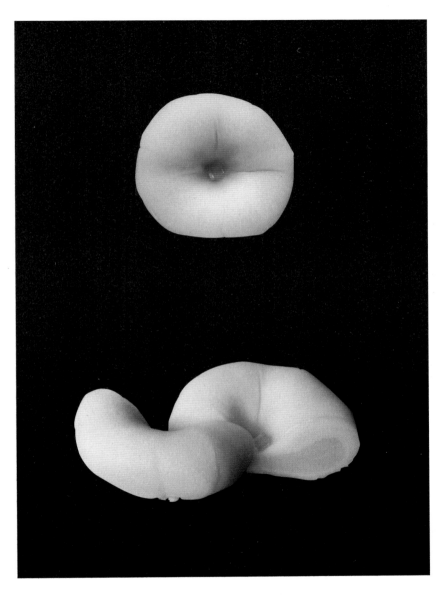

※ ｜ **紫野源水"讨水"** ｜ **材料：练切、白小豆豆馅**

— 紫野源水「もらい水」煉切り、白小豆こしあん

※ ｜ 京都的梅雨季节终于过去了。
天刚放晴，周末六道诣就要开始了。
我也要动身去迎接那些异世的灵魂了。
马上就要到盂兰盆节了。说着，送神火便燃了起来。

—

やっと京都も梅雨明けになったようです。
明けたと思ったら週末は、もう六道詣り。 お精霊さんを迎えに行かないけません。
もうお盆ですよ、言うてる間に送り火になってしまう。

　※　|　末富"京五山"　|　材料：怀中红豆年糕

― 末富「京五山」懐中ぜんざい

❋ | 8月16日京都大文字五山送神火

前几日六道诣刚刚过去，今天就到了"五山送神火"举行的时候了。

京都的和果子门店也都开始卖起了盂兰盆节上祭祀所使用的果子。

不同的日子供奉的和果子也有所不同，一般供奉顺序如下所示：

12日／白年糕饼、迎团子、莲果子

13日／白年糕饼、迎团子、萩饼、莲果子

14日／白年糕饼、白色小豆糯米饭、萩饼

15日／白年糕饼、送团子、白色小豆糯米饭

16日／送团子、白年糕饼

宗教派别不同会略有差异。

ついこの間、六道詣りだと思っていたら、今日はもう「五山送り火」。

京都のお餅屋さん、おまん屋さんの店頭では、お盆用にお供えのお菓子を売ったハリます。

お供えは日によってかわります。

12日／白餅、お迎えだんご、はす菓子

13日／白餅、お迎えだんご、おはぎ、はす菓子

14日／白むし（白いおこわ）おはぎ

15日／白餅、送りだんご、白むし

16日／送りだんご、白餅

これを仏壇に供えます。もちろん宗派で若干違いはあります。

✳ ｜ **子育糖**

　　― 子育飴

。 六道诣时我买的幽灵子育糖味道很不错。

几乎全年都能在市面上买到。

— 六道詣りの時に買うのが「幽霊飴」正式な名前は「幽霊子育飴」とってもやさしい味。

ちなみにこの飴は、年中売っています。

❀ | 港屋幽灵子育糖 "幽灵子育糖" | 材料：麦芽糖、粗砂糖

— みなとや幽霊子育飴本舗「幽霊子育飴」麦芽糖、ざらめ糖

❋ ｜ 勾玉池的白睡莲

— 勾玉池の白睡蓮

　　○　　勾玉池位于梅宫大社的北神苑，池子的中心位置被
划分成"勾玉"的形状。白色的睡莲盛开在勾玉池中，
洁白秀丽的花瓣令人感到赏心悦目。

梅宮大社の北神苑にある勾玉池、池の中ほどに勾玉の形に区切ってあります。さす
がにそこに咲く睡蓮を見ると格別の感じがする。いまは、白い睡蓮が咲いています。
なんとも清楚な感じがしますね。

※ ｜ 龟屋良长"萤火虫" ｜ 材料：金团、红豆粒豆馅

― 龟屋良長「ほたる」きんとき、粒あん

❋ | "废佛毁释"❶发生在明治时代。当京都市里的地藏像要被破坏的
时候，清水寺便将这些地藏像收到了寺里，最终得以保存。

❶ 废佛毁释：明治政府打压佛教的运动。

—　明治の「廃仏毀釈」の時に京都の街角からお地蔵さんが消えそうになった時、清水寺が引き受けたのがこのお地
蔵さんたち。

※ ｜ 松风❶ 这款和果子与茶道有很深的渊源。松风虽然很美味，但好像并不被人熟知。这款味噌松风外形与长崎蛋糕很相似，没有长崎蛋糕那么柔软、口感黏糯。其西京味噌独特的风味和清爽的甘甜口感与茶相得益彰。松屋常盘这家和果子店创立于承应年间，其中这款味噌松风据说是大德寺的江月和尚的创意。在这里想要购买"味噌松风"是需要预订的。

松风其命名取自能乐的谣曲《松风》中的一节"海边孤风过，松鸣空寂寥"。

松風というお菓子は、茶道とは縁が深い。美味しいんだけど、意外と一般には知られていないかもしれません。この味噌松風は、和風カステラのような外観でカステラのように柔らかくなく、モチモチとした食感。西京味噌の香ばしさとあっさりとした甘味は、茶人好みです。このお店、創業承応年間なんだそうで、この味噌松風は、大徳寺の江月和尚の考案だそうです。 松屋常盤の「味噌松風」は、予約が必要。

松風という名前は、謡の『松風』に由来するそうです。

「浦寂し、鳴るは松風のみ」という一節を、裏に焼き色が付かないので寂しい

ということにかけた、いわば言葉遊びなんですって。

❶ 松风：松风的故事讲的是在日本平安时代，一名叫原行平的男子与一位叫松风的姑娘在须磨海边相爱。但是行平必须要离开，松风知道他不会回来后，就在海边将一棵松树当作行平。后来人们就将此典故引申为寂寞。"松风"这款和果子表面虽有装饰，但背面是没有的，看起来空荡荡的，因此而得名。

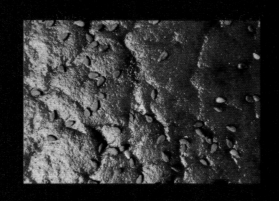

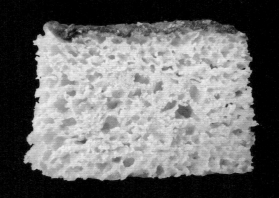

※ | 松屋常盘 "味噌松风" | 材料：面粉、西京味噌

— 松屋常盤「味噌松風」小麦粉、西京味噌

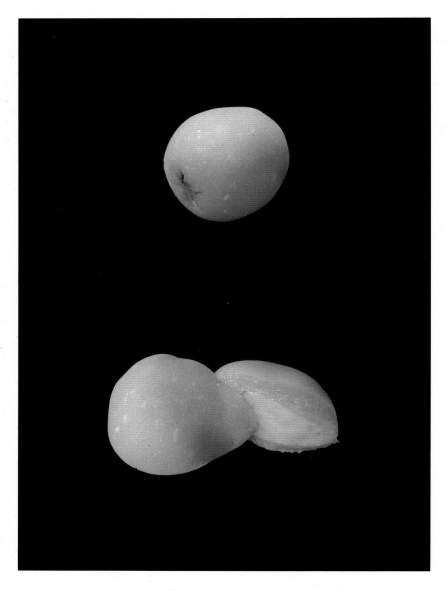

※ | 长久堂 "惠味" | 材料：米粉糕、冈山县备中白豆沙馅

— 長久堂「めぐみ」外郎、備中白こしあん

∘　　鬼灯，又名酸浆、灯笼草。这款生果子生动别致，就像真正的鬼灯一样。
盂兰盆节时，人们将鬼灯连枝挂在精灵棚❶上，像一只只红色的小灯笼，
为死者的亡魂引路。
小时候还玩过将鬼灯里面掏空，然后吹出口哨的游戏呢。

— 　この生菓子はリアルでしょ。
お盆といえばホオズキね。枝付きで精霊棚（盆棚）に飾り、死者の霊を導く提灯に見立てます。このホオズキ、実を口
の中にいれて口で鳴らす遊びがありましたね。

❶　精灵棚：盂兰盆节时设置，以迎接先祖灵魂，上面悬挂灯笼草作为指引亡魂返回人间的鬼灯。

❋　｜　鶴屋吉信"鬼灯"　｜　材料：米粉糕、白豆沙馅
— 　鶴屋吉信「ほおづき」外郎、白あん

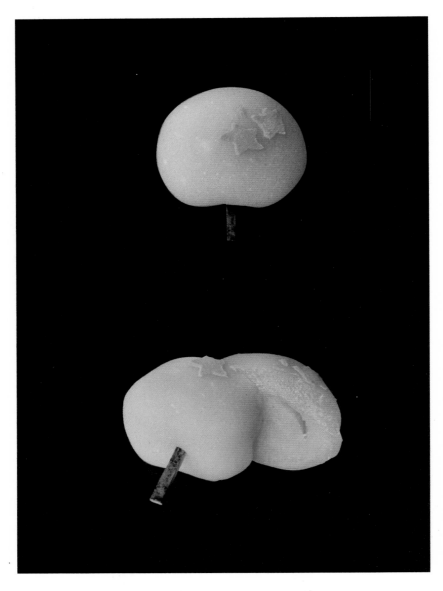

※ ｜ **长久堂"凉风"** ｜ **材料：米粉糕、冈山县备中白豆沙馅**

— 長久堂「涼風」外郎、備中白こしあん

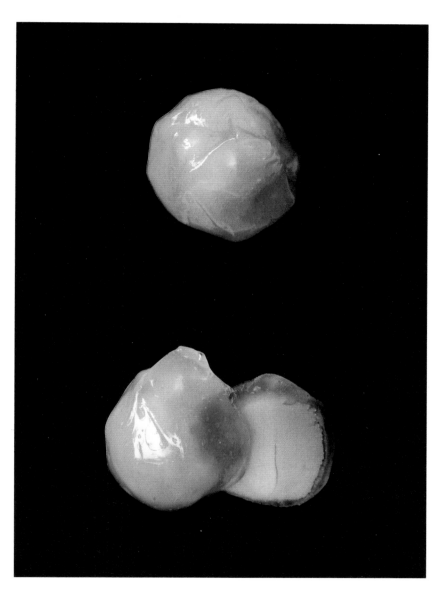

※ ｜ 二条若狭屋"凉风" ｜ 材料：葛粉、白豆沙馅

一 二條若狭屋「凉風」葛、白こしあん

○ 这款和果子的造型是牵牛花的花蕾。

— この和菓子は、朝顔の蕾です。

※ ｜ 长久堂"京之朝" ｜ 材料：外郎、冈山县备中白豆沙馅

— 長久堂「京の朝」外郎、備中白こしあん

※ | 盐芳轩"火之精" | 材料：葛粉（加入黑糖）、白豆沙馅

— 塩芳軒「火の精」葛（黒糖）、白こしあん

※ | 鹤屋吉信"宵待草" | 材料：烧皮、红豆粒豆馅

— 鹤屋吉信「宵待草」烧皮、粒あん

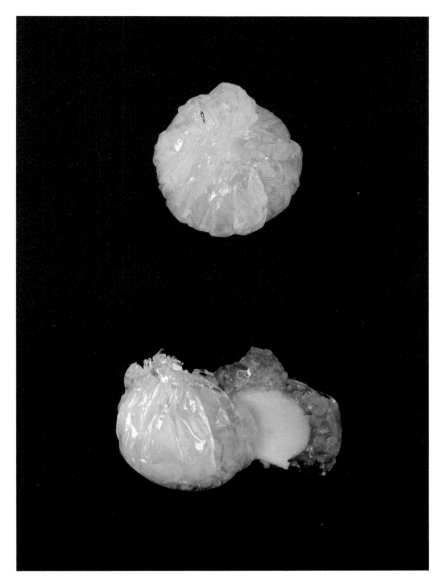

※ ｜ 总本家骏河屋"笹波" ｜ 材料：锦玉、道明寺粉、白豆沙馅

― 総本家駿河屋「さざ波」錦玉、道明寺、白こしあん

256

地藏盆，即祭拜地藏菩萨的日子。

遍布大街小巷的地藏像一直在保护着当地的孩子们。

地藏盆当天人们会请寺庙为它们诵经。还有的地区在早上会进行"盘念珠"仪式。人们将直径两到三米的念珠架在车座上，配合着诵经的声音慢慢地盘转。同时还会给孩子们分发小点心，举行抽奖活动。抽奖在日文中写作"畚降"（畚即筐子），抽到的礼品会放在筐中，负责抽奖的地方会将筐从二楼降到一楼。由于现在的孩子越来越少，举行这种活动的地方也已经不常见了。

地蔵盆は町内にあるお地蔵さんで行われます。
お地蔵さんは、子供たちを日頃から守ってくれています。
地蔵盆の当日は、お寺さんを呼んで読経をしてもらいます。
朝「数珠回し」をやる町内もあります。
直径二〜三メートルの大きな数珠を車座に座って読経にあわせて
順々にまわすというものです。
子供たちのためにお菓子を配ったり、福引きしたりもします。
福引きは「ふごおろし」といい、福引きでひいた景品を籠に入れて、
担当家の二階から紐で一階に下ろします。
こういうのを現在やっている町内は極めて少なくなりました。
市内の古くからある町内には子供がいなくなりましたから。

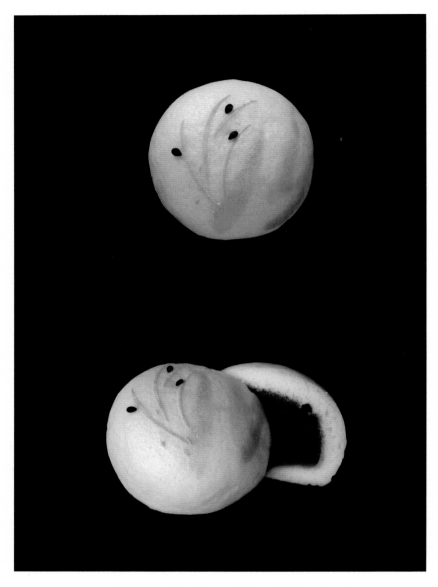

※　|　鶴屋吉信"虫鸣"　|　材料：米粉糕、黑豆沙馅

—　鶴屋吉信「虫すだく」上用、黒こしあん

秋
AUTUMN

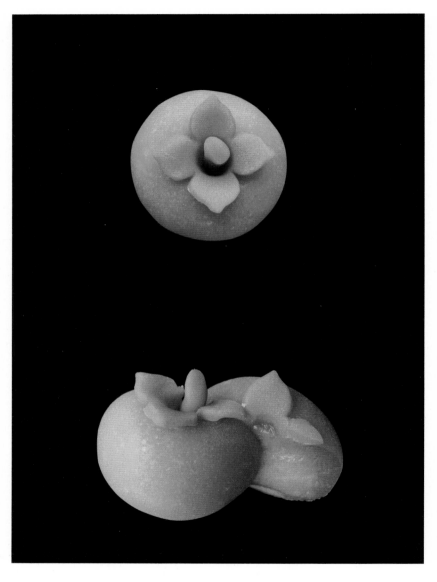

米 | 长久堂"山路" | 材料：米粉糕、冈山县备中白豆沙馅

— 長久堂「山路」外郎、備中白こしあん

秋色染红树叶

※ ｜ 龟屋良长"菊寿" ｜ 材料：练切、白豆沙馅

— 龜屋良長「菊 寿」煉切り、白こしあん

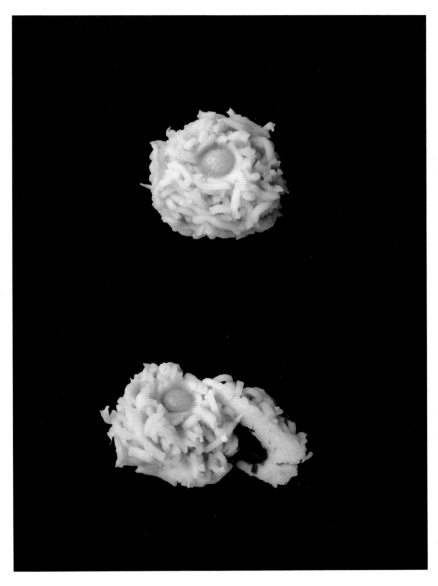

※ | 二条若狭屋 "菊花" | 材料：金团（加入山芋）、黑豆粒豆馅

— 二條若狭屋「菊花」きんとん（山芋）、黒粒あん

　○　我沿着四条通大街来到三好屋，今天排队的人很少。我像往常一样，买了黄豆粉和酱汁两种口味的团子带回家。

团子用竹签子串着。如果能像贺茂御手洗团子一样一根有五颗就更好了。但不论是贺茂还是三好屋，几个团子中第一颗是"头"，"头"与剩下几颗代表"身体"的团子之间有小小的空隙以示区分。想想我们竟然在人家头上插签子真是有些可怕。

其他的就还有今宫神社的烤团子"炙饼"算是比较有名的了。

四条通沿いのみよしやが開いていて、しかも人が並んでいなかったので家族の土産にいつものように「タレ」と「きな粉」と2種みたらし団子を買う。竹の皮にいれてくれるのもいつもと同じ。

やっぱり賀茂みたらし茶屋みたいに、5個ついていてほしいな。ちなみに、どちらも離れている1個は頭、下の部分は胴体を表しています。頭に刺さっているつまようじがどうも怖いんですよ。

もうひとつ団子といえば、今宮神社のあぶり餅やね。

※ | 二条若狭屋“秋日” | 材料：米粉糕、红豆沙馅

— 二條若狭屋「秋日」上用、こしあん

米 ｜ 红叶

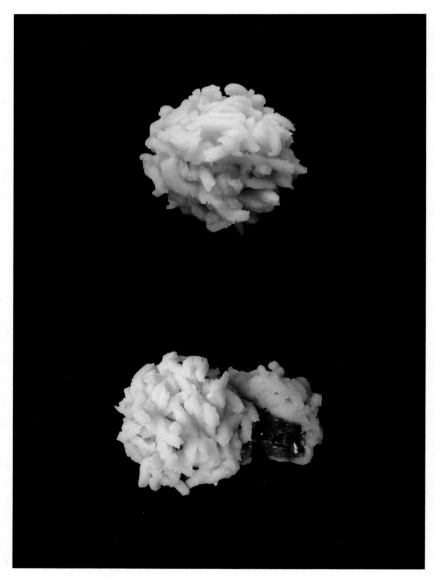

※ | 京都鹤屋鹤寿庵"栗粉饼" | 材料：金团、栗子馅、黑豆粒豆馅

— 京都鶴屋鶴壽庵「栗粉餅」きんとん、栗あん、黒粒あん

 ｜ 紫野源水"栗名月" ｜ 材料：丹波栗、红小豆豆馅

— 紫野源水「栗名月」丹波栗、小豆こしあん

萩即胡枝子。秋天到了，胡枝子也要开花了。

前几日我去了御所以东的梨木神社。作为万叶时代❶最受宠爱的秋草，胡枝子在日语汉字中也写作草字头加一个秋字，是日本自创的汉字。胡枝子的花期在秋分左右，秋分配萩花说的就是这个。这款点心的豆馅和萩花感觉很像。

そろそろ萩の季節になってきました。先日、御所の東にある梨木神社に行ってきました。萩は万葉の時代には最も愛された秋草であり、その字もくさかんむりに秋を書いて表す、日本でできた国字です。咲く時期が秋のお彼岸の頃ということもあり、お彼岸につきものの「おはぎ」という言葉もこの萩からきている。粒あんの感じが萩の花に似ているからなんだそうです。

---

❶ 万叶时代：万叶时代中的"万叶"指《万叶集》。《万叶集》是 7 世纪后半叶至 8 世纪后半叶编纂而成的日本最早的诗歌总集。

※ 胡枝子花

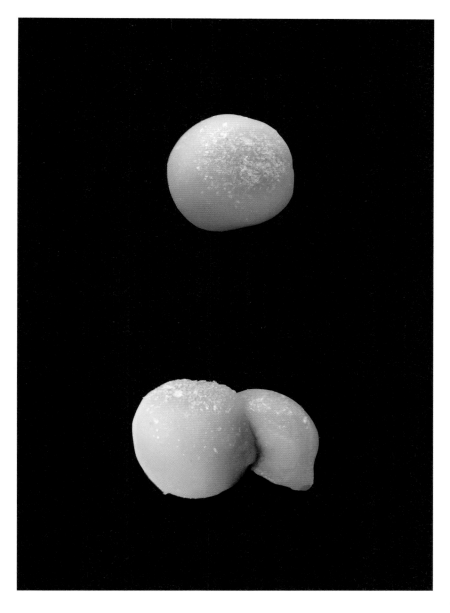

※ | 千本玉寿轩"零萩" | 材料：米粉糕、白豆沙馅

— 千本玉壽軒「こぼれ萩」外郎、白こしあん

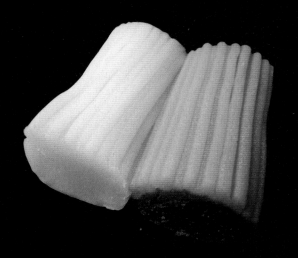

※ ｜ 总本家骏河屋"友白发" ｜ 材料：练切、黑白豆沙馅

— 総本家駿河屋「友白髪」煉切り、黒白こしあん

※ | 长久堂"年祝" | 材料：白豆沙面皮、红豆沙馅

— 長久堂「年 祝 (としのいわい)」こなし、赤ごしあん

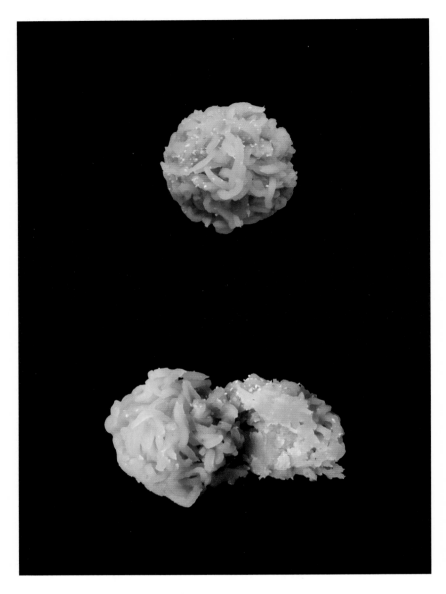

紫野源水"零萩" | 材料：金团、白小豆粒豆馅

—— 紫野源水「こぼれ萩」きんとん、白小豆粒あん

十 ｜ 千本玉寿轩 "秋樱" ｜ 材料：金团、黑豆粒豆馅

— 千本玉壽軒「秋 桜」きんとん、黒粒あん

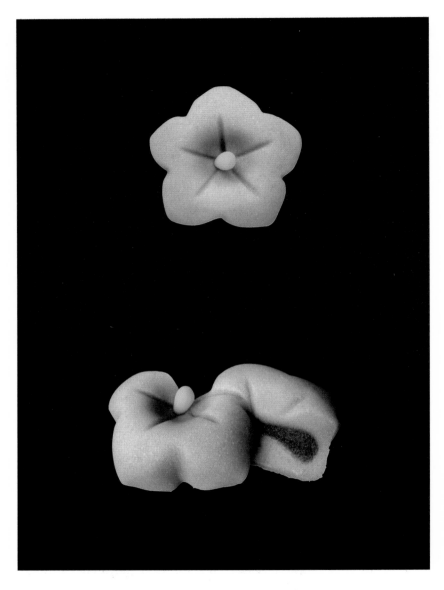

※ | 长久堂"渡风" | 材料：白豆沙面皮、红豆沙馅

— 長久堂「渡る風」こなし、赤こしあん

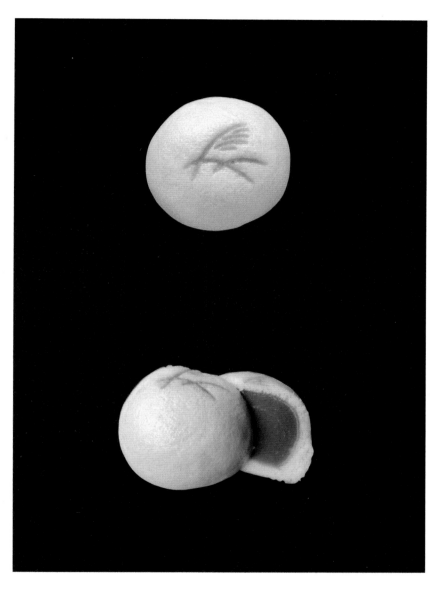

米 ｜ 紫野源水"芒草田" ｜ 材料：薯蓣、红豆沙馅

— 紫野源水「すすき野」薯蕷、こしあん

※ | 秋日中闪耀的芒草

— すすき輝く

满月

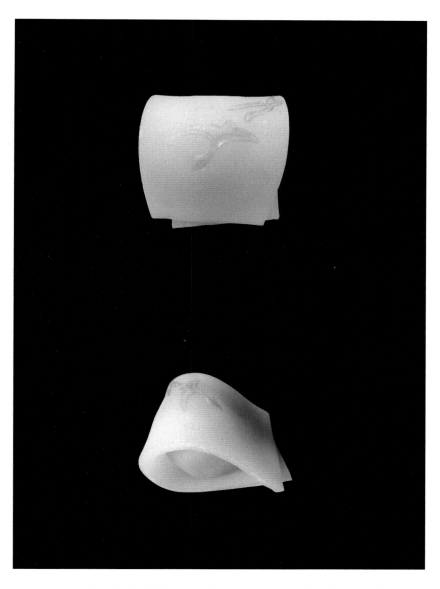

米 ｜ 长久堂"明月" ｜ 材料：米粉糕、冈山县备中白豆沙馅

— 長久堂「明月」外郎、備中白あん

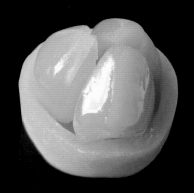

※ ｜ 长久堂 "栗明月" ｜ 材料：米粉糕、怀中白豆年糕

一 長久堂「栗名月」外郎、懐中白こしあん

※ | 紫野源水"大泽之月" | 材料：半锦玉羹（加入练切、小豆豆馅）

— 紫野源水「大沢の月」半錦玉羹（煉切り、小豆あん）

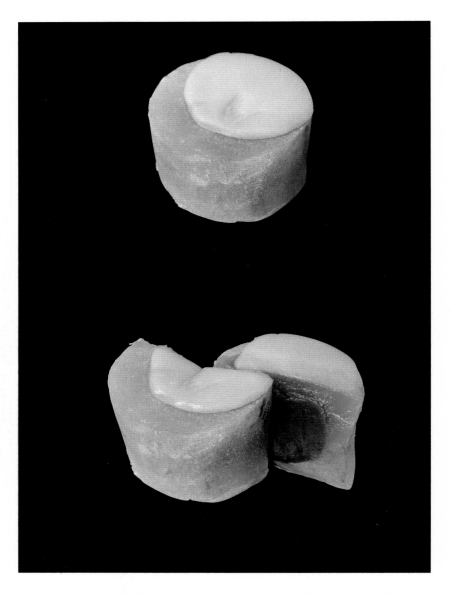

※ | 长久堂"月读之道" | 材料：葛粉、白豆沙面皮、红豆沙馅

— 長久堂「月読みの道」葛、こなし、赤こしあん

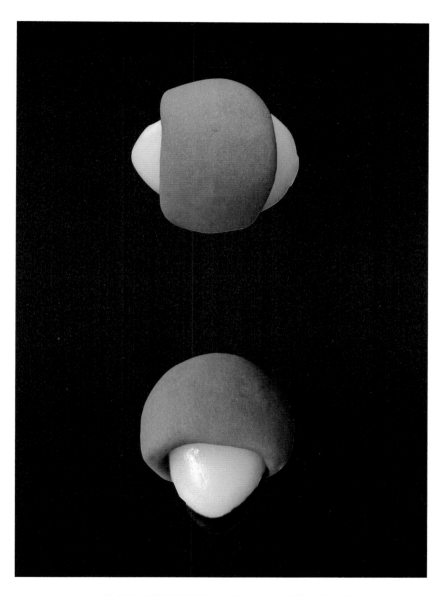

米 | 盐芳轩“月见团子” | 材料：米粉糕、黑豆沙馅

— 塩芳軒「月見だんご」外郎、黒こしあん

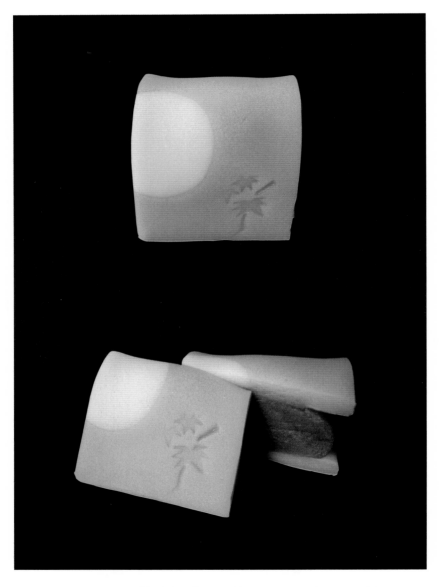

※ | 长久堂"名残之月" | 材料：白豆沙面皮、红豆沙馅

— 長久堂「名残の月」こなし、赤こしあん

鹤屋吉信"月兔" 材料：上等米粉、黑豆沙馅

— 鶴屋吉信「月兎」上用、黒こしあん

米 ｜ 二条若狭屋 "芋名月" ｜ 材料：白豆沙面皮、黑豆沙馅

— 二條若狭屋「芋名月」こなし、黒こしあん

二条若狭屋"芋名月" | 材料：白豆沙面皮、红豆沙馅

― 二條若狭屋「芋名月」こなし、こしあん

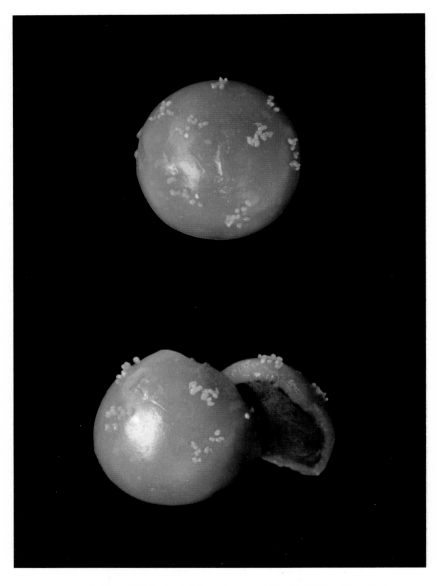

※ | 京都鹤屋鹤寿庵"女郎花" | 材料：米粉糕、黑豆沙馅

—— 京都鶴屋鶴壽庵「おみなえし」外郎、黒こしあん

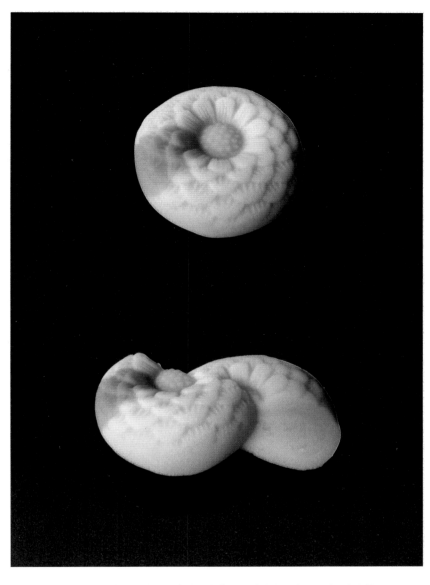

※ ｜ 总本家骏河屋"嵯峨菊" ｜ 材料：练切、白豆沙馅

― 総本家駿河屋「嵯峨菊」煉切り、白こしあん

※　|　用棉絮覆在菊花上吸收朝露

—　菊の着せ綿

※ ｜ 紫野源水"被锦"❶ ｜ 材料：练切（加入白小豆豆馅）

— 紫野源水「着せ綿」煉切り（白小豆こしあん）

———

❶ 被锦：重阳节前夜，给菊花覆盖上棉絮吸收朝露。日本人认为用这样的棉絮擦拭身体可以有祛病消灾保佑长寿的效果。

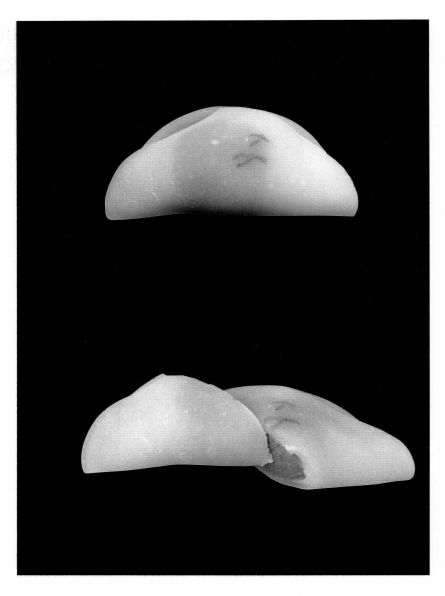

※ | 紫野源水"初雁" | 材料：米粉糕、红小豆豆馅

— 紫野源水「初雁」外郎、小豆こしあん入り

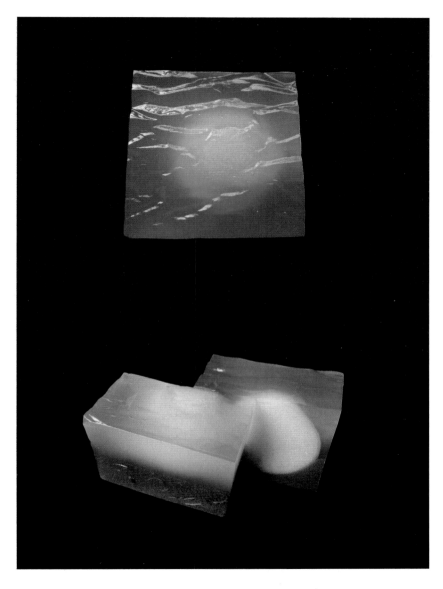

龟屋良长"湖中天"　材料：葛羊羹、红豆粒豆馅

龟屋良長「湖中天」葛羊羹、粒あん

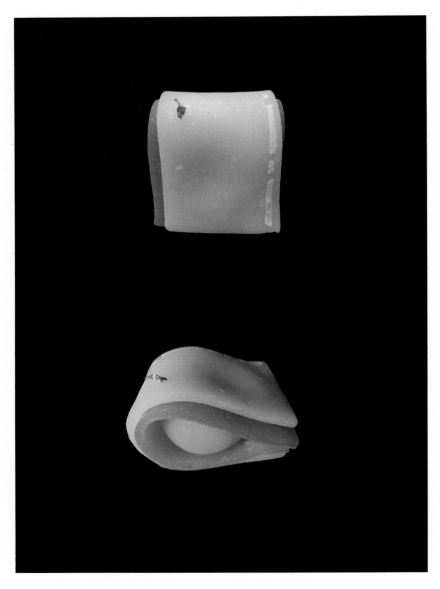

※ ｜ 长久堂"京之雅" ｜ 材料：米粉糕、冈山县备中白豆沙馅、金箔

— 長久堂「京の雅」外郎、備中白こしあん、金箔

米 | 长久堂"拾栗子" | 材料：栗子金团、红豆沙馅

— 長久堂「栗拾い」栗きんとん、赤ごしあん

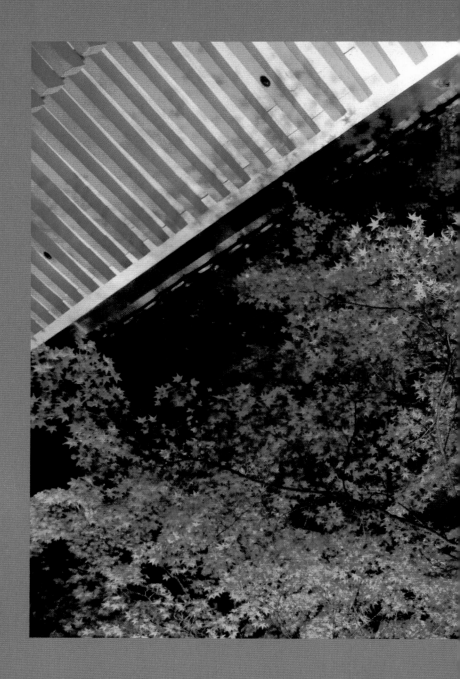

※ | 火红的枫叶

—— 紅葉が咲く

※ ｜ 枯山水庭院

— 山水の庭

WINTER

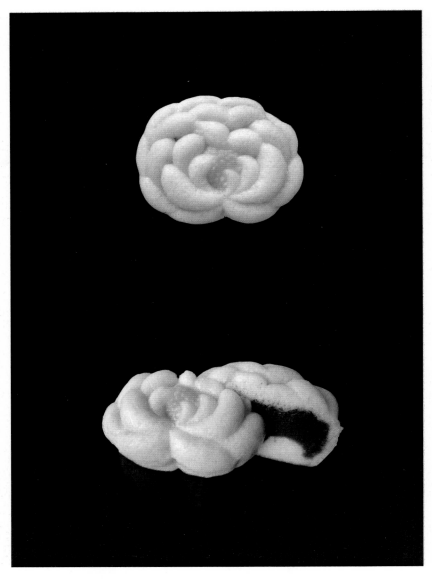

※ ｜ 京都鶴屋鶴寿庵 "菊上用" ｜ 材料：上等米粉、黑豆沙馅

— 京都鶴屋鶴壽庵「菊上用」上用、黒こしあん

※ ｜ 献菊展

※ | 京都鹤屋鹤寿庵"延年" | 材料：月饼、黑豆沙馅

— 京都鶴屋鶴寿庵「延 年」月餅、黒こしあん

据说在江户时期，"和果子"曾经是男人的爱好。他们解其名由、赏其外形、尝其滋味、品其季节。

— 江戸時代の頃、男のたしなみとして「和菓子」というのがあったそうです。
・名前の由来の蘊蓄を語れる ・姿を愛でられる ・味を味わえる ・季節感を味わえる
といったことでしょうか。

※ ｜ 二条若狭屋"里菊" ｜ 材料：练切、白豆沙馅

— 二條若狭屋「里の菊」煉切り、白こしあん

※ | 长久堂"秋风" | 材料：白豆沙面皮、红豆沙馅

— 長久堂「秋の風」こなし、赤こしあん

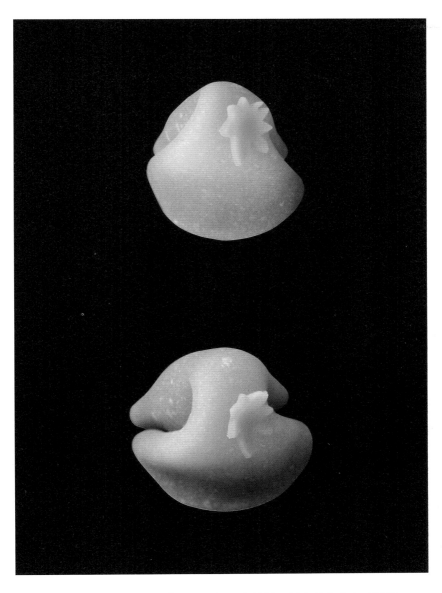

※ | 长久堂"芭蕉堂" | 材料：米粉糕、冈山县备中白豆沙馅

— 長久堂「芭蕉堂」外郎、備中こしあん

。　十三夜，即后月，是日本特有的风俗，也有的地方将其称作"小麦赏月"。古时候，人们会在阴历九月十三的夜里，占卜明年小麦是否丰收。这一天往往天气晴朗，所以又有"十三夜无云"的说法。

十三夜は、日本独特の風習。
「小麦の名月」と呼ぶ地方もあったそうです。
旧暦の9月13日の夜のお天気で、翌年の小麦の豊作、凶作を占う習慣からきています。
「十三夜に曇りなし」という言葉があるぐらい。すっきり見えることが多い。

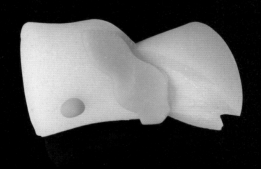

　　　※　｜　长久堂"后月"　｜　材料：外郎、练切馅
　　　　　—　長久堂「后の月」外郎、煉切りあん

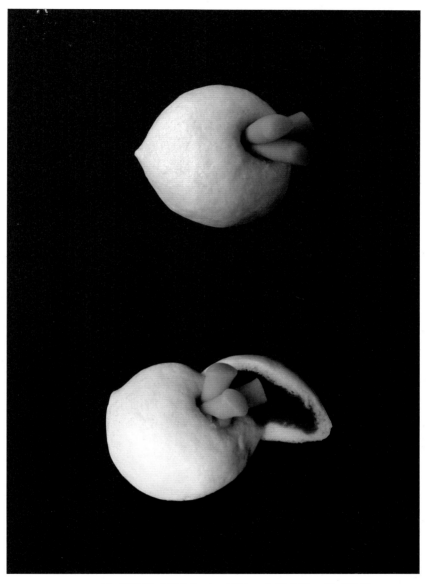

※ | 二条若狭屋"里冬" | 材料：上等米粉、黑豆沙馅

— 二條若狭屋「里の冬」上用、黒こしあん

。　毎年阴历十月亥日傍晚至第二天清晨，护王神社会举行"亥子祭"。

— 毎年、護王神社で「亥子祭」があります。旧暦10月亥の日の夕方から翌朝の早朝にかけて行われます。

※　｜　二条若狭屋"亥子饼"　｜　材料：外郎、黑豆粒豆馅

— 二條若狭屋「亥の子餅」外郎、黒つぶあん

○ 京都11月一整月都能买到亥子饼。和火焚馒头相同，也是为了祈求收获的。

— 京都では、11月いっぱいまで亥の子餅を売っています。お火焚き饅頭同様、収穫祭も兼ねているんでしょう。

※ ｜ 紫野源水"亥子饼" ｜ 材料：羽二重饼、红豆沙馅

— 紫野源水「いのこ餅」羽二重、こしあん

又快到京都御所赏银杏的时节了……

そろそろ御所の銀杏とかも見頃かも……

京都鹤屋鹤寿庵 "御所之秋" ｜ 材料：金团、黑豆粒豆馅

— 京都鶴屋鶴壽庵「御所の秋」きんとん、黒粒あん

○　11 月 15 日，是日本的七五三节。

"七五三"原是关东地区的节日，京都是最近才开始流行起来的。

传统上京都人更偏重过十三诣。

—　11 月 15 日は、七五三の日ですね。

この行事は、関東方面の年中行事で、本来京都ではやらんかったそうです。

京都は、十三詣りのほうが優先しました。七五三をするようになったのは比較的最近の話。

※　|　长久堂"喜"　|　材料：上等米粉、红豆沙馅

—　長久堂「およろこび」上用、赤こしあん

※ | 二条若狭屋 "初雪" | 材料：黑糖金团、黑豆粒豆馅

— 二條若狭屋「初雪」黒糖きんとん、黒つぶあん

※ | 日语汉字中，秋天变红的树叶为"红叶"，变黄的为"黄叶"，变棕的为"褐叶"。

《万叶集》中所说的"もみじ"，多指的是"黄叶"，"红叶"其实出现的次数很少。

―

赤く変わるのが「紅葉」
黄色に変わるのを「黄葉（こうよう、おうよう）」
褐色に変わるのを「褐葉」と呼ぶそうです。
万葉集の歌に詠まれる「もみじ」は、「黄葉」と書かれているものが圧倒的で、
「紅葉」はごくわずかなんだそうです。

※ | 紫野源水"红叶" | 材料：练切、白小豆豆馅

— 紫野源水「紅葉」煉切り、白小豆こしあん

。 虽然生果子有很多种，但是这种薯蓣和上等米粉所做的豆沙包才是最经
典的。

いろんな生菓子があるけれど、結局こういう薯蕷（上用）饅頭が飽きがこないというか。
職人さんの腕がわかるのはこういうものですね。

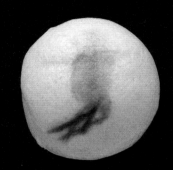

※ ｜ 紫野源水"织部薯蓣" ｜ 材料：红豆沙馅

― 紫野源水「織部薯蕷」こしあん

※ ｜ 紫野源水"锦秋" ｜ 材料：金团、红豆粒豆馅

— 紫野源水「錦秋」きんとん、つぶあん

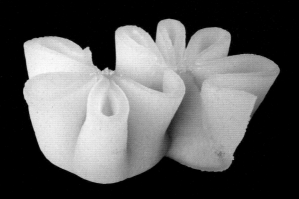

※ | 紫野源水"寒菊" | 材料：米粉糕、粉色豆沙馅

— 紫野源水「寒 菊」外郎、白紅あん

嵯峨菊

※ | **长久堂"锦秋"** | **材料：白豆沙面皮、冈山县备中白豆沙馅**

— 長久堂「錦 秋」こなし、備中白こしあん

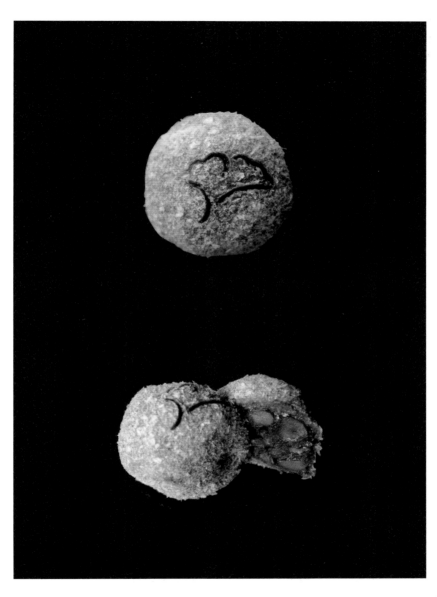

※ | 盐芳轩"银杏" | 材料：蕨羽二重饼、黑豆粒豆馅

— 塩芳軒「いちょう」蕨羽二重、黒粒あん

※ ｜ 二条若狭屋"赏红叶" ｜ 材料：羊羹、栗馅

— 二條若狭屋「もみじ狩り」羊羹、栗あん

※ ｜ 千本释迦堂 "煮白萝卜"
― 千本釈迦堂の「大根炊き」

※ ｜ 满地红叶落
― いちめんの紅葉

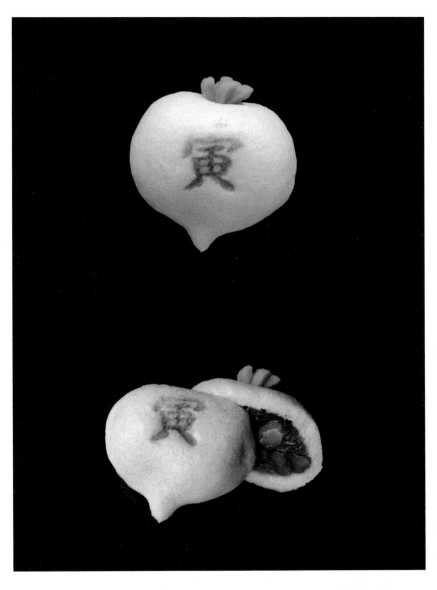

※ | 龟屋良长"一大颗" | 材料：上等米粉、黑豆粒豆馅

—— 龟屋良長「大きなかぶ」上用、黒粒あん

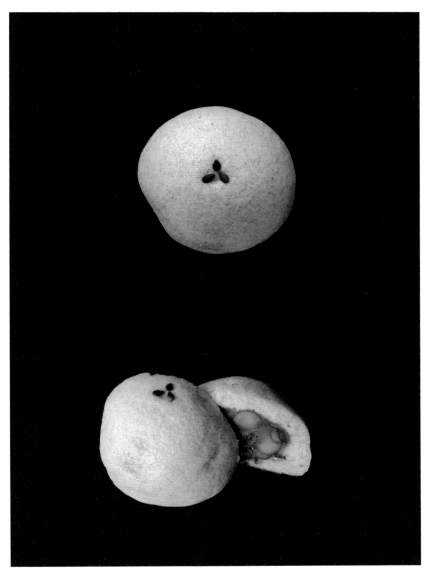

※ ｜ 紫野源水"树枯" ｜ 材料：荞麦薯蓣、红豆粒豆馅

— 紫野源水「木枯らし」そば薯蕷、つぶあん

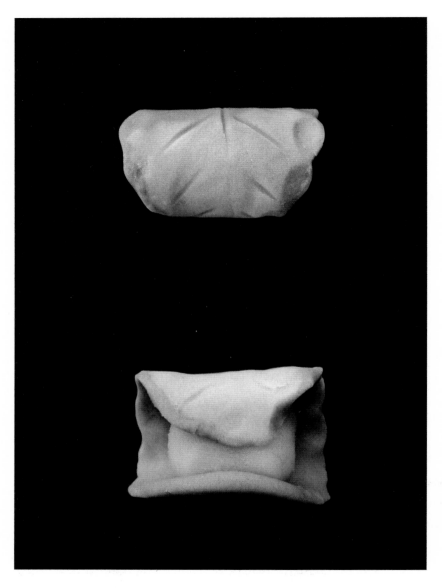

※ | 紫野源水 "冬木立" | 材料：练切、白小豆豆馅

— 紫野源水「冬木立」煉切り、白小豆こしあん

※ | 二条若狭屋"枯叶" | 材料：米粉糕、黑豆粒豆馅

― 二條若狭屋「枯 葉」外郎、黒粒あん

冬天的树林中树叶纷纷飘落

——冬木立

※ ｜ 紫式部

※ │ 枯山水

※ ｜ 不同种类的山茶花竞相盛开。

虽然在火红的枫叶中，山茶并不是那么显眼。但我觉得山茶花很美，有
一种日本的感觉。

椿もいろんな種類が咲いています。
いままで紅葉で目立たなかっただけかもしれませんが椿もきれいで、
日本の花という感じがします。

※ | 总本家骏河屋"红椿"❶ | 材料：练切、白豆沙馅

— 総本家駿河屋「紅 椿」煉切り、白あん

❶ 椿：即山茶花。

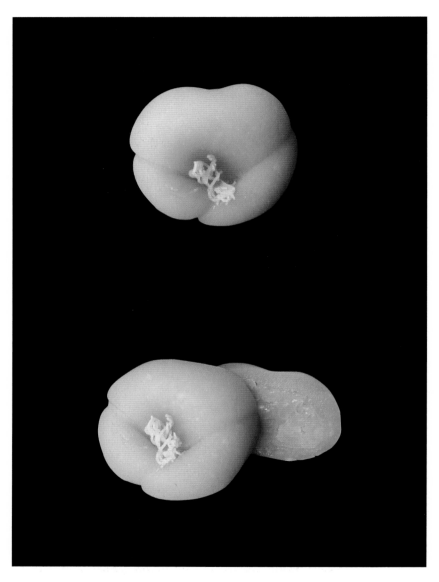

　※　┃　紫野源水 "山茶花"　┃　材料：米粉糕、白小豆粒豆馅

　　　―　紫野源水「さざんか」外郎、白小豆粒あん

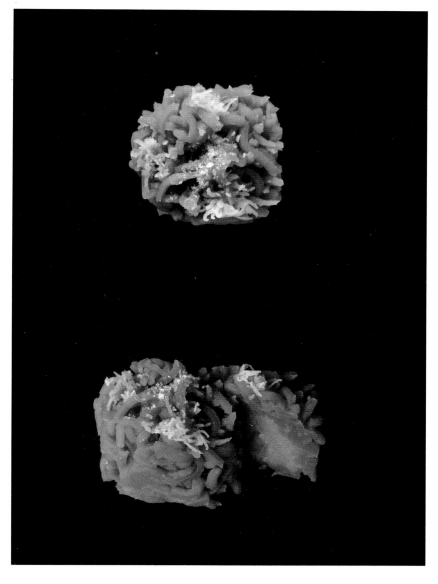

※ ｜ 紫野源水"初雪" ｜ 材料：金团、白小豆粒豆馅

— 紫野源水「初雪」きんとん、白小豆粒あん

※ ｜ 长久堂"茁壮" ｜ 材料：白豆沙面皮、红豆沙馅

― 長久堂「すこやかに」こなし、赤ごしあん

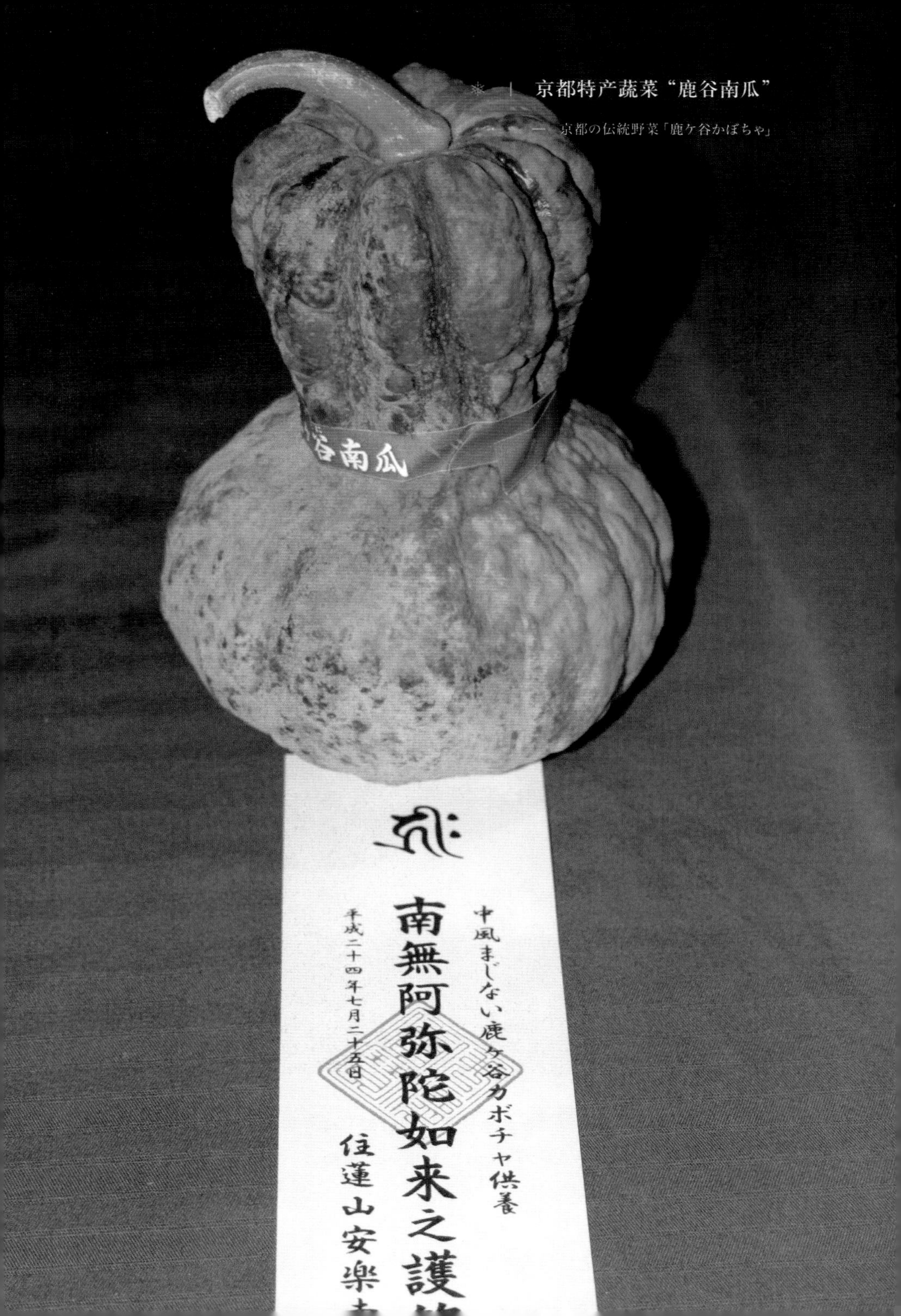

京都特产蔬菜"鹿谷南瓜"

—— 京都の伝統野菜「鹿ケ谷かぼちゃ」

※ | 京都鶴屋鶴寿庵 "冬小立" | 材料：白月饼、黑豆沙馅

— 京都鶴屋鶴壽庵「冬小立」白月餅、黒あん

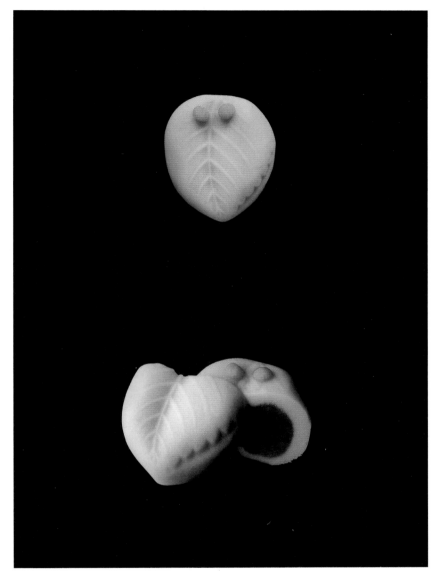

※ | 总本家骏河屋"万两" | 材料：练切、黑豆沙馅

— 総本家駿河屋「万両」煉切り、黒こしあん

。 冬牡丹与普通的牡丹其实是同一品种。但由于人工建起避雪的围栏进行
照料，可以让牡丹在早春时节就盛开。
"早春日渐暖，寒牡丹花开。"—— 高浜虚子

普通の牡丹と同じ品種ですが、雪よけのワラ囲いなど特別な管理をして、
早春に咲かせるようにしたものです。
「そのあたり ほのとぬくしや 寒ぼたん」高浜虚子

※ ｜ **冬牡丹、寒牡丹**

— 冬牡丹または寒牡丹

※ ｜ 二条若狭屋 "寒牡丹" ｜ 材料：练切、黑豆沙馅

― 二條若狭屋「寒牡丹」煉切り、黒こしあん

冬牡丹"寒丰明"

この寒牡丹の種類は寒豊明。

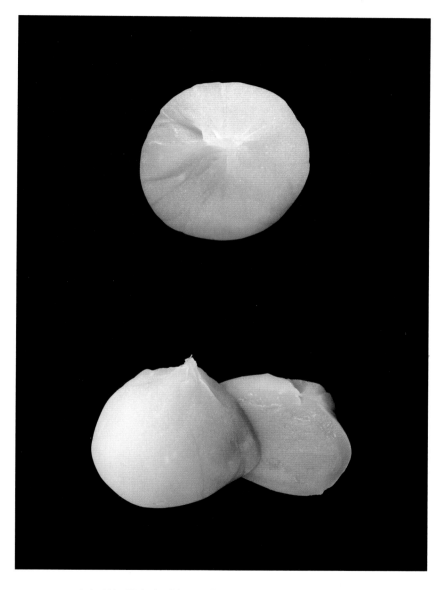

※ ｜ 京都鹤屋鹤寿庵 "冬牡丹" ｜ 材料：白月饼、淡红色豆沙馅

— 京都鶴屋鶴壽庵「冬牡丹」白月餅、薄紅あん

✻ | 紫野源水 "寒牡丹" | 材料：练切、白小豆豆馅

— 紫野源水「寒牡丹」煉切り、白小豆こしあん

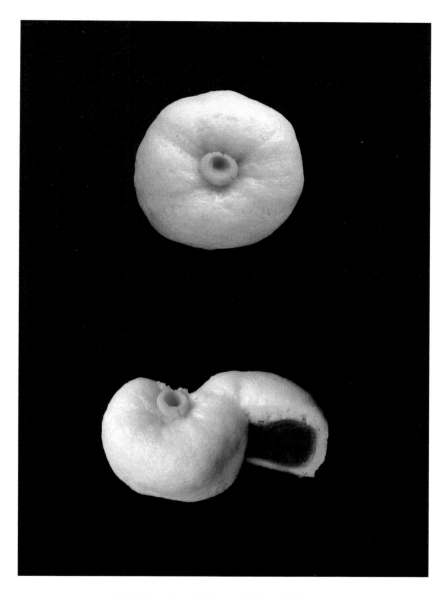

※ ｜ 紫野源水"白玉椿" ｜ 材料：薯蓣、红小豆豆馅

—— 紫野源水「白玉椿」薯蕷、小豆こしあん

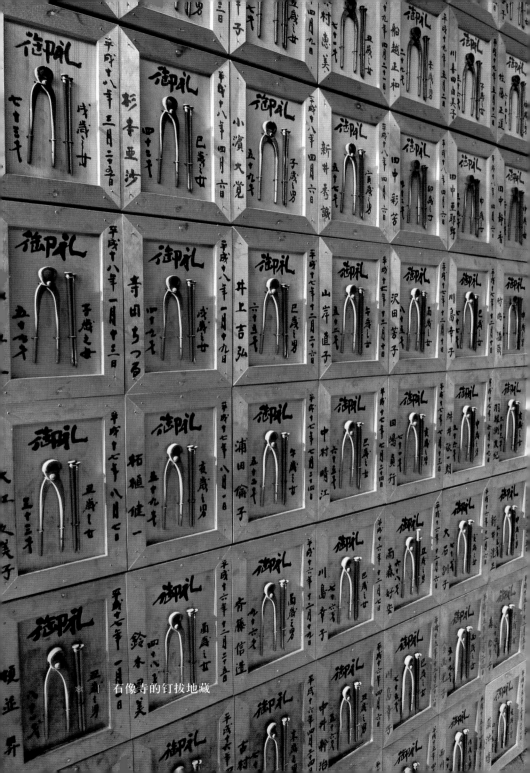

※　石像寺的钉拔地藏

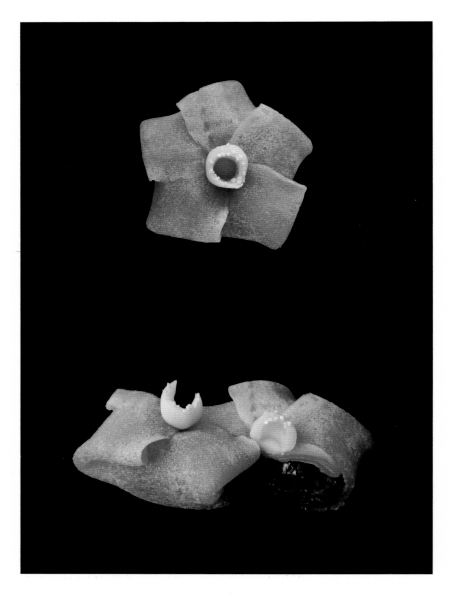

鹤屋吉信"寒椿" 材料：烧皮、红豆粒豆馅

— 鹤屋吉信「寒 椿」烧皮、粒あん

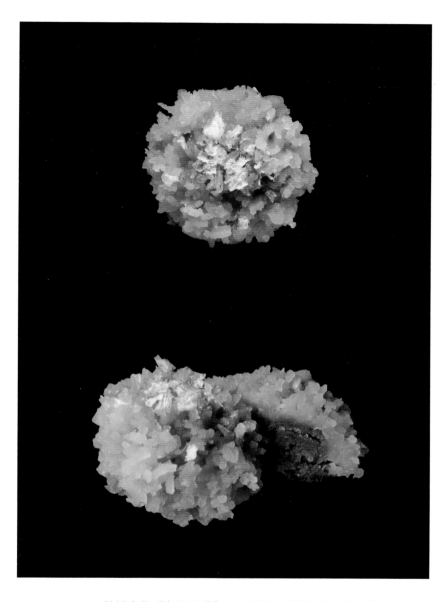

※ | 鶴屋吉信"冬日心情" | 材料：金团、红豆粒豆馅

— 鶴屋吉信「冬ごこち」きんとん、粒あん

※ | 龟屋良长"薮柑子" | 材料：练切、黑豆沙馅

一 龟屋良長「薮柑子」煉切り、黒こしあん

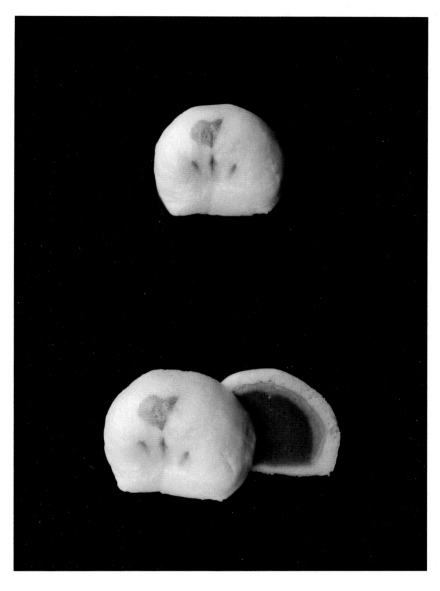

紫野源水 "雪中松" ｜ 材料：薯蓣、红豆沙馅

— 紫野源水「雪中の松」薯蕷、こしあん

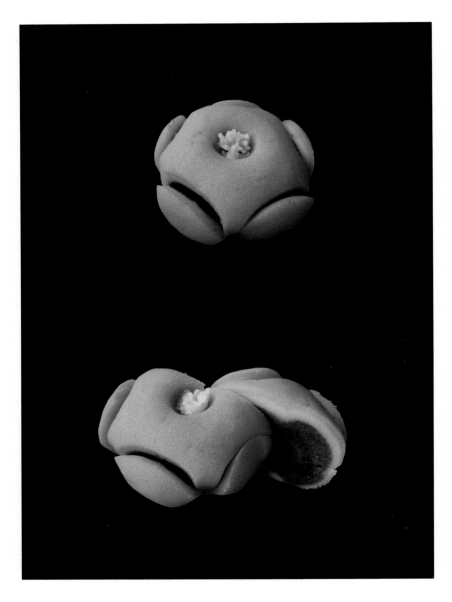

※ ┃ 龟屋良长"切梅" ┃ 材料：练切、黑豆沙馅

一 亀屋良長「切梅」煉切り、黒こしあん

※ ｜ **长久堂"冬之红"** ｜ **材料：金团、红豆粒豆馅**

— 長久堂「冬の紅」きんとん、粒あん

本书所展示的和果子大部分为上果子和生果子。

由于果子多为手工制作，所以不能保证每个都和照片中一模一样。且受季节和气候所致，即使在同一家店订购的果子也可能有些许不同，敬请谅解。企盼您能够享受与和果子的每次相遇。

以下为本书中所展示的和果子的店铺和地址。

和果子店

键善良房
京都市东山区祇园町北侧 264 番地
电话（075）561-1818 FAX（075）561-1818 http://www.kagizen.co.jp

龟屋清永
京都市东山区祇园石段下南 534
电话（075）561-2181 FAX（075）541-1034

龟屋良长 龟屋良长株式会社
京都市下京区四条通油小路西入柏屋町 17-19
电话：（075）211-2005 FAX（075）223-1125 http://kameya-yoshinaga.com

御果子司 河藤
大阪市天王寺区四天王寺 1-9-21
电话（06）6771-6906

京都鹤屋鹤寿庵
京都市中京区壬生梛ノ宫町 24
电话（075）841-0751 FAX（075）841-0707 http://www.kyototsuruya.co.jp

盐芳轩
京都市上京区黑门通中立买上ル
电话（075）441-0803

末富
京都市下京区松原通室町东入ル
电话（075）351-0808 FAX（075）351-8450

千本玉寿轩
京都市上京区千本通今出川上ル上善寺町 96
电话（075）461-0796 FAX（075）464-6717

総本家駿河屋 伏見本舗

京都市伏見区京町 3 丁目 190

电话（075）611-5141　FAX（075）611-5142　http://www.souhonke-surugaya.co.jp

长久堂

京都市北区上贺茂畔胜町 97-3

电话（075）712-4405　FAX（075）712-3585

鹤屋吉信

京都市上京区今出川通堀区西入

电话（075）441-0105　FAX（075）431-1234　http://www.turuya.co.jp

中村轩 株式会社 中村轩

京都市西京区桂浅原町 61

电话（075）381-2650　http://www.nakamuraken.co.jp

二条若狭屋

京都市中京区二条通小川角

电话（075）241-1505　FAX（075）252-2020

松屋常盘

京都市中京区界町通丸町下ル

电话（075）231-2884

紫野源水

京都市北区北大路新町下ル西侧

电话（075）451-8857

后记

其实在出这本书之前，我从未发现我竟然收集了这么多和果子的照片。

促成本书出版最大的原因是我在 2005 年 7 月 10 日开的博客"京男岁时记"，这个博客几乎就等同于我的日记。我从没想过我这么懒的人竟然能够坚持到现在。

当时我想为那些来京都旅游却不了解京都文化的人提供一个窗口，于是我就以"京都人眼中的京都"为题开始写起了博客。因为那时我正好有一项工作，是关于比较京都"萩饼"哪个更好吃的活动，所以我才开始研究起了京都的和果子。在这些从小吃到大的和果子店中，首先吸引我的就是上生果子。我深深地被它们华丽的造型所震撼了。以前我曾在专门学校学过做法国菜。虽然法国菜的摆盘和制作也是技巧和造型并存的，但和果子却有法国菜所没有的美。我一个土生土长的京都人，过去竟然从没有发现和注意过这一点。

元禄时代有《女重宝记》和《男重宝记》两本书，它们分别记述了淑女和绅士的教养与礼仪。其中《男重宝记》的卷四就有关于果子的记载，里面介绍了很多果子的知识。

在古代，想要成为一个绅士，是必须要了解果子的名字、做法和吃法的。

绅士须"看形、听名、品味"，然后"感受风景"，这两点现在也成了我博客的主题。知道了这些由来以后，当我再看到京都形形色色的寺院和神社还有那些节日、习俗时，都觉得充满了趣味和色彩。

每次我接触到一个新的上生果子都会感到有些紧张。我想这一定是因为它们蕴含着制作者的气魄。被编入本书的这些上生果子能够在一众果子中脱颖而出，可能也是因为我从其中感受到了与众不同的气质。

与上生果子的相遇，靠的就是一个"缘"字。店里卖的果子经常会变，有些甚至昨天还有今天就没了，这就是所谓的"邂逅"，买到就是缘分。所以我每次买完果子后都会小心翼翼捧着盒子立刻回去将果子拍下来，就连将它们转移到盘子里时我也不能放松警惕。

最开始我还没有吃和果子专用的竹筷，一直用香道中的火筷子来夹果子。后来我觉得实在太不像样了，于是才去找专业的师傅定做了一双。

像我这样的外行人，只有切开和果子才能知道里面的馅是什么。最开始我用的刀是切鱼用的，刀很有弹性。用这种刀切果子时，必须一鼓作气，不然稍有犹豫就会切坏了。虽然觉得这样切开对做和果子的师傅有些不礼貌，但对外行人尤其是对外国人来说，"奶油里都放了什么？"是他们最常关心的问题。所以我想看照片的人，也一定很好奇果子里面是什么样的吧？在这里我也向和果子师傅们道一声歉。

不过，我即使现在已经非常熟练了，还是觉得要将羽二重饼、米粉糕、蕨饼等点心完美地一分为二是一件很困难的事情。

此外，我还想提醒一下阅读本书的读者。

根据季节和节日的不同，本书中出现的店铺所销售的和果子种类可能也会有所变化。即使在同一家店，不同师傅所做的果子也会有些许区别。并且果子

在购买后会随着时间推移逐渐干燥，色泽也会变得不那么鲜亮。所以我不太推荐远道而来的客人将和果子作为伴手礼。最好的方法是买完后回到酒店就立刻食用，这样才能品尝到最美味的和果子。

茶道中有"一期一会"的说法，即"一生仅有的一次相遇"，我们品尝每个上生果子时也是如此，希望每个人都能珍惜。

在本书的结尾，我要感谢每家宽容地允许我将照片出版成书的果子店。还有这些年一直支持我博客的每位读者，是因为你们的鼓励我才能坚持连载到现在。

另外我还要特别感谢促成这本书出版的蓝风馆的大前正则，为本书进行设计的中西睦未，以及其他在出版过程中帮助过我的各位。

最后我还要感谢一下我的外公山川久三郎，感谢您将优秀的基因遗传给我。

2013 年 1 月吉日

中村 肇

中村 肇

1952 年生于京都西阵。
大阪艺术大学短期大学毕业后进入大阪艺术大学工作。
在学期间修完广告会议文案课程，并在日本调理师学校修完法国菜肴制作及西式糕点制作。
曾先后在京都的广告代理公司和设计事务所工作。现独立经营中村肇事务所，主要从事设计、商品策划、咨询、构筑企业理念等工作。博客"京男岁时记"在日本全国范围内受到了读者的广泛支持。

图书在版编目（CIP）数据

和果子的四季 /（日）中村 肇著；张睿康译.
—北京：北京联合出版公司，2017.12
ISBN 978-7-5596-1153-6

Ⅰ.①和… Ⅱ.①中… ②张… Ⅲ.①糕点－制作－
日本－图解 Ⅳ.① TS213.23－64

中国版本图书馆 CIP 数据核字（2017）第 252024 号

WAGASHI

by NAKAMURA Hajime

Copyright © 2013 NAWADE SHOBO SHINSHA, Publishers

All rights reserved.

Originally published in Japan by KAWADE SHOBO SHINSHA,Publishers, Tokyo.

Chinese (in simplified character only) translation rights arranged with

KAWADE SHOBO SHINSHA LTD. PUBLISHERS, Japan

through THE SAKAI AGENCY and BARDON-CHINESE MEDIA AGENCY.

Chinese (in simplified character only) translation copyright © 2017 Beijing Xiron Books Co., Ltd.

著作权合同登记 图字：01-2017-6988

和果子的四季

作　　者：〔日〕中村 肇
选题策划：北京磨铁图书有限公司
责任编辑：龚　将　　夏应鹏
特约监制：赵　菁
产品经理：张　聃
特约编辑：张　聃
封面设计：任凌云

北京联合出版公司出版
（北京市西城区德外大街83号楼9层　100088）
北京盛通印刷股份有限公司印刷　新华书店经销
字数24千字　　880毫米×1270毫米　1/32　　印张：11.5
2017年12月第1版　　2017年12月第1次印刷
ISBN 978-7-5596-1153-6
定价：88.00元